SHODENSHA
SHINSHO

「第5の戦場」サイバー戦の脅威

伊東寛

JN283451

祥伝社新書

まえがき

二〇一一年九月に三菱重工がサイバー攻撃を受けたという報道はまだ記憶に新しい。

著者もセキュリティ企業に勤めている関係から、この件に関してマスコミから何度か取材を受けたが、その中にこのような質問があった。

「なぜ、今年、日本の企業に対してサイバー攻撃が行なわれたのでしょうか？」

著者の返事は、「それは質問が間違っています。正しい質問は、なぜ、今年このような事件が大きく報道されたのでしょうか？　ですね」

そうなのだ。今年ではなく数年前から、防衛産業といわず我が国の多くの企業が外国からなにかしらのサイバー攻撃を受けており、貴重な情報が盗まれていたのだ。

では、なぜ今年は大きく報道されたのか？

可能性はいくつかある。三菱重工自身は自社の恥が外に出ることを好まないだろうから、内部の人が攻撃を受けたとリークした可能性は低い。また、専門家としてこれに関わっていたセキュリティ会社の人も守秘義務の観点から顧客の情報を漏らすことは考えられない。とすると、ありそうなのは警察からだろうか。警察にも脇の甘い人がいて、（例えば）Y新聞の美人記者の誘導尋問に引っかかってついうっかり秘密を漏らしたのかもしれない。

いや、その可能性も高くはない。そのようなことをする記者も（たぶん）いないだろうし、警官もそれほどダメではないだろう。それよりも、以前、海上保安庁の職員が義憤に駆られて非公開のビデオ映像をネットに上げたように、最近のサイバー攻撃の多さとそれがまったく世間に知られないために同じような被害を受ける会社が多々あることに業を煮やした警察官版の「sengoku38」がいたのだと考えたほうがありそうに思える。

本書の中でも触れるが、三菱重工事案のように、企業の持つ各種情報を盗もうとする動きは二〇〇〇年頃から起こっていたし、それらに関する報道もアメリカなどではかなり頻《ひん》繁《ぱん》に出ていた。アメリカで起こっているのに、日本の企業に対してはサイバー攻撃がなかったと思うほうがよほどウブかもしれない。

社会がコンピューターとインターネット技術を中心とする、いわゆるサイバー技術を利用するようになって、我々の生活はとても便利になった。

　一方で、社会はその脆弱性をどんどん増している。人々が依存しているシステムは目に見えないところで複雑化している。いまでは技術者でさえその全貌がわからなくなり、それゆえに危険性は増しているのだ。電気や通信、交通といったインフラや工場、プラントなど現代の施設では、ほとんどと言っていいほどコンピュータシステムが動いている。ある国家にダメージを与えようとしたら、そこを狙えばいい。テロリストや多くの国の軍隊はそう考えている。つまり、私たちの生活そのものが危険に曝《さら》されているのだ。

　本書では、サイバー技術の発展が社会にどんな影響を与えており、危険性はどうなっているのかについて述べる。そして、筆者が元自衛官であるという、ちょっと変わった経歴から、サイバー技術と戦争との関わりについて記述する。

　二〇一一年七月、米国防総省はサイバー空間を、陸・海・空・宇宙空間に次ぐ「第5の戦場」と宣言し、サイバー攻撃に対して武力をもって反撃することを明言した。その背景には、米国の危機感、そしてすでに「見えない戦争」であるサイバー戦が世界中で起きている事実がある。

　鉄器や火薬から原子力まで、過去にもいろいろな技術が発明され人類の生活をより良くしてきた一方で、それらが戦争に用いられ、不幸を招いたことも否定できない。

この歴史の流れの中で、世界におけるサイバー技術の進歩とその社会や軍隊への取り込みは極端に早く、特にそれへの対策という面で日本はすでに出遅れている。攻撃を受けても法律上、自衛隊は出動できず、各省庁の役割分担は曖昧《あいまい》だ。

今、早急な対応を取らなければ取り返しのつかないことになる。特に、サイバー上の出来事は目に見えないため、知らないうちに攻撃が準備されていたり、私たち自身が攻撃に加担してしまっていることもある。

この危機に気がつきそして目覚めていただきたい、そう願ってこの本を書いた。本書が、サイバーに関心を持つ皆様に、何らかの気づきを与えることになれば幸いである。

二〇一二年一月

伊東《いとう》　寛《ひろし》

目次

第1章　世界を脅《おびや》かすサイバー戦の実態

(1)「見えない戦争」を支えるサイバー技術の発達

(2) サイバー戦の手段と実戦例――ついに姿を現わした「サイバー兵器」とは

第2章　戦争の歴史を塗り替えるサイバー戦
——軍事的観点から見た特徴とは

第3章　世界各国のサイバー戦事情

序章　サイバー攻撃にはミサイルで報復せよ

——米国が宣言した「第5の戦場」

（1）シミュレーション――仮想・日本がサイバー攻撃を受けた日

これはフィクションである。この国がサイバー攻撃に関する適切な準備を怠《おこた》った場合に起こり得る近未来の架空の物語である。ただし、ここで描かれる混乱の世界は全くの絵空事ではない。なぜなら、一つひとつの要素はすべて過去、実際に世界のどこかであったか、現在の技術力でも実現可能なものばかりだからだ。

なお本ストーリーは攻撃者にヒントを与えるためのものではないし、ましてや誰かを批判するためのものでもない。また実在の組織に関する部分は秘密の漏洩《ろうえい》にならないように多少変更を加えてある。その他にも事実と相違する点などがあるが、小事に拘泥《こうでい》することなく、本質的な側面を汲《く》み取っていただければ幸いである。

二〇一X年、物語は東京都心にほど近い隣県の湾岸エリアから始まる――。

◇　◇　◇

それは突然の停電から始まった

いつもと変わらない朝だった。窓の外では小鳥がさえずり、通学路からは子どもたちの弾《はず》むような声が聞こえ、テレビはありふれたニュースを伝えていた。人びとは朝食をすますと、いつもの電車に間に合うように駅への道を急いだ。

駅前の交差点に差し掛かったときだった。何の前触れもなく、突然、目の前の信号が消えた。近くの自販機を見ると、やはりランプが消えている。停電らしい。

「くそ、〇電め!」、三・一一後の計画停電を思い出したのか、背後から某巨大電力会社を小さく罵《ののし》る声が聞こえた。信号の消えた交差点では危うく乗用車同士が衝突しそうになり、激しくタイヤを鳴らした。駅前交番から慌てて警官が飛び出してきて、手信号で交通整理を始めた。

「電車は動いているのか?」、誰もがそう思った。駅へ着くと、案の定、電車も停まっていた。改札付近にはすでに人だかりができ、駅員に詰め寄っている。だが、彼らにも状況がわからず、答えようがない。ほどなく駅の構内や周辺は押し寄せる通勤通学の人びとで溢《あふ》れた。気の利いた人は電車をあきらめ、タクシー乗り場へ急いだ。しかし、すぐにタクシーはなくなり、たちまち長蛇の列ができた。無論、バス乗り場も同じだった。信号の消えた街は、すでに大渋滞に飲み込まれていた。

人びとは取り急ぎ職場に連絡を取ろうと携帯電話を手に取った。しかし何度かけても通じない。メールも送れない。幸いツイッターなどのSNS（ソーシャル・ネットワーク・サービス）は使えたので、覗《のぞ》いてみると、ものすごい勢いでみんながつぶやいている(1)。停電は首都圏の広範囲に及び、交通機関はすべて停まっているらしい。「駅で様子見なう、」「早く停電が復旧してほしい」、そんなつぶやきも見える。みんな冷静だ。

ところが、一つの不気味なツイートが拡散するにつれて様相は一変する。

「拡散希望。○○原発で事故発生、放射能漏《も》れ。すぐに東京から避難してください」

ウソだろ⁉　誰もが悪質なデマを疑いながら、不安を捨てきれない。フクシマの惨事は誰の記憶にも新しい。それを煽《あお》るようにやがてツイッターは原発事故を伝えるつぶやきで埋め尽くされた。駅周辺に溢れた人たちの間に小さな動揺が広がるのがわかった。同じようにネットで情報を得た人が多いのだろう。なかには駅を背に、いま来た道を小走りに帰る人もいる。そのとき誰かが叫んだ。

「○○原発が爆発した！　早く逃げろ！　放射能が来るぞ！」

まわりの人びとが凍りつく。次の瞬間、駅前の大渋滞の車列から強引に抜け出し、路肩を走り抜けようとした一台の乗用車が、信号機に激突、大破した。大音響とともに悲鳴が上がる。それまで日本人らしい落ち着きを見せていた人たちの心に不安と恐怖のスイッチが入った。人びとは一斉《いっせい》に我が家へ向かって走りだした。渋滞の車列からは激しいクラクションが鳴り響き、なかには車を放置してそのまま走りだす人もいた。あちこちからパトカーや救急車のサイレンが聞こえる。そこらじゅうで事故が起きているようだ。

その最中《さなか》、「ドカン！　ドカン！　ドカン！」と耳をつんざくような爆発音が続けざまに三度聞こえた。海沿いにある工場地帯で黒煙が立ち上がるのが見えた。

誰かが思わず呻《うめ》いた。

(1)　三・一一の震災ではＳＮＳの一つであるツイッターが情報交換に威力を発揮した。

「いったい何が起きてるんだ……⁉」

奪われた日本の中枢《ちゅうすう》機能

電力を喪失した巨大都市圏は、交通機関や通信インフラがマヒし、たちまち大混乱に陥《おちい》った。これに湾岸エリアで相次いだ化学工場の謎の大爆発が拍車をかけた。

このとき国の中枢部門ではさらに深刻な事態が進行していた。

兜町《かぶとちょう》（東京証券取引所）の取引システムと銀行のシステムが相次いでダウンし、業務の停止を余儀なくされたのだ(2)。さらに畳み掛けるように防衛省の中枢システムが停止し、警察、消防の指揮系統システムも次々と機能を失った。

それは明らかに日本の中枢を狙った何者かによる「サイバー攻撃」だった。サイバー攻撃とは、コンピュータやシステムに不正侵入したり、マルウェア(3)（悪意のあるソフトウェアや悪質なコードの総称）などを利用して、相手の国家や企業へ攻撃を仕掛けることだ。

最初に起きた停電は、某発電所の発電機の回転数制御プログラムに密《ひそ》かに仕込まれたマルウェアによって異なる周波数の電力が発生し、これが正常な電力網に接続されることで逆流した電流が発電機のタービンブレードを吹き飛ばしたために起きたものと考えられた(4)。ひとたび電力系の一部で不具合が発生すると、将棋倒しのように電力網は機能を失っていった。

電話が不通になったのは、停電もあるが、マルウェアに感染したスマートフォンが勝手に、しかも一斉に電話をかけはじめ、電話回線を輻輳《ふくそう》させた可能性もある(5)。一一〇番や一一九番に大量の電話を集中させれば、それだけで警察や消防は大混乱に陥るし、交換機

(2)　二〇〇五年十一月一日、東京証券取引所でシステム障害が発生し、全取引を停止した。原因はプログラムミスとされたが、悪意をもってすれば、それを意図的に引き起こすことは当然、可能である。

(3)　ちなみに、報道などでは、悪質なプログラムを何でも「ウイルス」と呼ぶことが多いが、本来のウイルスの定義（感染先でのみ増える）と異なるものも多い。マルウェアは、そうしたウイルスやワームなどを含む不正プログラムの総称である（詳しくは45ページ参照）。

(4)　タービンブレードはタービン（羽根車）に組み込まれた一枚一枚の羽根。制御プログラムの不正操作で発電機が破壊できることは、二〇〇七年三月、米国のアイダホ国立研究所の実験により確認されている。

(5)　スマートフォンは携帯電話というより小さなパソコンであり、サイバー攻撃に対する脆弱性《ぜいじゃくせい》を指摘する声は多い。

そのものが過負荷に耐えられず、落ちたとしても不思議ではない。事故や火災が発生しても警察や消防に伝わらず、またようやく伝わり出動しても大渋滞が行く手を阻《はば》んだ。

電話が不通になる一方でツイッターなどのSNSは生きていたが、実はそれこそが攻撃者の狙いだったとみるべきかもしれない。わざとダウンさせずに残しておいて、情報アクセスを集中させることで、人びとを心理的に揺さぶり、社会により大きな混乱をもたらそうとした。実際、ツイッター上などにばら撒《ま》かれた「原発事故」関連の禍々《まがまが》しいつぶやきは、すべてデマだった。攻撃者が意図的に大規模に流した疑いが濃厚だ(6)。

化学工場の爆発は、工場にあるプラント制御システムの異常が原因だった。原料の輸送パイプラインの出口ではバルブを閉め、逆に入り口では全力でポンプを動かして危険な化学物質を送り込んだため、パイプラインが破裂し、流れ出た化学物質に何かの火が引火して爆発、大火災を起こしたのだ。常識では考えられないシステムの暴走で、停電同様に制御プログラムにマルウェアが仕掛けられた公算が強い(7)。

大渋滞を抜けてやっと消防が現場の工場に着いたときには、すでに化学火災は手がつけられない状態で、危険な毒性ガスも漏れはじめていた。にもかかわらず、混乱のなか、近隣住民への情報提供は一切なされず、虚《むな》しく時間だけが過ぎていく。国の中枢部門へのサイバー攻撃は、まさにそうした社会的大混乱のなかで進行していた。

兜町や銀行のシステムダウンは、ＤＤｏＳ（ディードス）攻撃(8)と、あらかじめ時限爆弾のようにシステムに仕込まれていたコンピュータウイルス(9)の両面攻撃によるものと思われた。

(6)　サイバー心理攻撃とでも呼ぶべきもので、信頼済みアカウントを乗っ取り嘘を書き込んだり、ツイッター上で拡散するデマを勝手に書き込むワーム（マルウェアの一種）を仕込んだりする方法などが考えられる。
(7)　産業システム制御ソフトに対するマルウェアであるスタクスネット（stuxnet）は、二〇一〇年、イランの核施設で遠心分離機の制御システムを乗っ取った。
(8)　ＤＤｏＳ攻撃（Distributed Denial of Service attack）は分散型サービス拒否攻撃。目標のサーバーに対して過負荷になるように、踏み台と呼ばれる複数のコンピュータを利用して大量のアクセスを行なう。正しいアクセスとの区別は困難で防御は難しい。二〇〇七年にはエストニアが大規模ＤＤｏＳ攻撃を受け、一週間にわたり銀行業務の停止を余儀なくされた。
(9)　特定の日付や日時など一定の条件が満たされると動作を開始して破壊活動を行なうウイルスをロジックボム（logic bomb／論理爆弾）という。

この種の大規模システムは、組織の発展とともに接《つ》ぎ木細工で巨大化しているものが少なくない。全体が最適化されていないうえに、全体像を把握している者もおらず、その性質上、ほとんど停止させることなく稼働しながらシステム移行を繰り返してきたケースが多い。このためしばしばシステムの脆弱《ぜいじやく》性が排除されず、残ったままになっている⑽。

さらに言えば、システムの構築そのものも、かつてと違い、いまではそのほとんどを外部のソフトウェア専門家に外注する仕組みになっている。これでは巨大化したシステムの細部を客観的に点検するのは難しい。もとよりコストダウン優先だから製作段階で安全なシステムを作ろうという思想にも欠ける。大事なのはまず動くこと。次いで顧客が使いやすいこと。それさえ満たしていればよかった。さらに悪いことに実際にプログラムを記述する仕事は下請けや孫請けに行き、それは人件費の安い中国など外国に依存していた。

結局、誰もこういうシステムのプログラムの細部に何が書かれているかを完全には理解も担保もしていなかったのである。「もし外注したプログラムにこっそり悪意のある何かが仕込まれていたら?」などとは誰も考えもしなかったのだ。あるいは、そんな恐ろしいことは考えたくなかったのかもしれない。そのツケをいま日本の中枢は払わされていた。

崩壊した安全神話

それにしても防衛省や警察、消防のシステムまでなぜダウンしてしまったのだろう。これらのシステムは、基本的にクローズドの閉じたネットワークで、外部のシステムとは接続していないから、サイバー攻撃を受けることは考えにくい、とされていたはずだ。

しかし、そのことがかえって、「それなら安全」という根拠の薄い神話を生み、システムを守るための仕組みに予算が投じられず、結果的に十分なシステム防護の体制ができていなかったのだ。また外部とつながっていないのでOSなどの脆弱性をふさぐパッチ情報をリアルタイムで受け取ることができず、脆弱性の存在が一般に知られたままの古いバージョンのOS上でシステムが稼働していた。これが致命的な弱点を形成していた。

外部とつながっていないシステムであっても、悪意のある攻撃者ならいくらでもアタックする方法は考えつくだろう。たとえば、取引業者にもぐりこんで内部に入り込み、ウイ

(10)「ちゃんと動いている」という理由で、いまだにウィンドウズ98を使っている銀行システム端末があるが、すでにメーカーサポートは終わっているし、それ用のアンチウイルスソフトもない。

ルス入りのＵＳＢメモリをわざと床に落としておく⑾。拾った誰かが無警戒に端末に差し込んでなかを見たらそれで攻撃準備は完了だ。あるいは誰も見ていないネットワークの有線に勝手に無線ＬＡＮの装置をつないでしまうという手だってある。

そもそもこれらのシステムがほんとうに閉じたシステムだったのか、その点にも疑問は残る。不心得者が勝手にパソコンの無線ＬＡＮ機能を使ったりした結果、ネットワーク上に思わぬ「裏口（バックドア）」が作られてしまう可能性は否定できないからだ⑿。

もちろんこれらの官庁などでは、すべてのシステムが脆弱だったわけではない。真に重要なシステムはそれぞれ必要な防護体制が取られ、生きていた。しかし脆弱性を突かれ、その他の補助的なシステムが潰れてしまえば、やはり組織全体での効率的な運用はできなくなる。結果、将棋倒しのように組織の機能不全が広がってしまったのだ。

たとえば、混乱が広がるなか、自衛隊のサイバーセキュリティ部門を担《にな》うサイバー空間防衛隊⒀では防護担当者が電話を使って関係部署に指示を出そうとしていたが、内部の電話システムは数年前にＩＰ（インターネット・プロトコル）化されており、これは他のシステムと同じくすでに機能不全に陥っていた⒁。

一般電話も携帯電話を含め不通のなか、孤立した各システム部署は、相互調整や指示伝達のため、何とか連絡を取り合おうともがくが、かなわない。誰も全体像を把握できないまま混乱はさらに広がっていった。

数時間後、自衛隊の各駐屯《ちゅうとん》地に緊急用に用意してあった野外用の大型無線機が稼働し、何とか数カ所とは連絡が取れるようになった。しかし、それは事態の深刻さを再認識させたにすぎず、そもそもこの数少ない連絡手段の使用権は運用部門が握っていたから、復旧のためにシステム部門がいつ利用できるようになるのか、見当もつかなかった。

サイバー攻撃を受けた中枢組織は、あちこちの重要システムが落ちたことで、それぞれ

---

(11)　ＵＳＢメモリを利用して広がるワームにコンフィッカー（conficker）がある。英国マンチェスターではこのワームのせいで一時的に駐車違反の切符が切れなくなった。

(12)　バックドアは、管理者に気づかれずに不正侵入するためにこっそり設けられた侵入経路のこと。民間の事例だが、ある会社で誰も知らないうちに社内ネットが外部のサーバーにつながれており、技術データが勝手に送られていた、というケースがある。

(13)　自衛隊指揮通信システム隊の隷下（配下）に新設予定のサイバー戦部隊。

(14)　ＩＰ電話はコストダウンにはよいが、ＩＰ網が使えなければ、何の役にも立たない。

のシステム管理者たちが必死にバックアップシステムへの切り替えに努めていた。だが、電話が通じない状況ではやれることは極めて限定的だ。バックアップシステムが郊外のデータセンターにある組織もあったが、そこへの連絡は取れず、リモートからの操作も全くできなくなっていた。考え得るかぎり、状況は最悪であり、完全にお手上げだった。

サイバー空間上で孤立する日本

政府は国民に冷静になるよう呼びかけるため、インターネットの広報ページを利用して「力をあわせてこの災害を乗りきろう」との首相メッセージを掲載した。

ところが、そのメッセージは、わずか三〇分後には何者かの手によって、「停電、各種システム障害、爆発事故などが多発、事態は深刻であり、手の施《ほどこ》しようがない」とかえって国民の不安を煽るような内容に書き換えられてしまった。

これがツイッターのつぶやきで増幅された。しかもそこには、「政府は原発事故を隠している」「東海地区でコンビナートが爆発した」「羽田を離陸した〇〇航空〇〇〇便が消息を絶った」など何者かが意図的に流したデマ、流言蜚語《りゅうげんひご》も大量に流れ込み、人びとの不安と恐怖をいっそうかき立てた。

真偽不明の情報に人びとが振り回されるなか、驚愕《きょうがく》の事実が日本の外務省に飛び込んできた。日本発を装《よそお》ったＤＤｏＳ攻撃が、米国および中国、韓国に対して行なわれ、中韓両政府が激しい口調で日本を非難したのだ。事態がつかみきれない外務省は、完全に両国に主導権を奪われ右往左往するのみである。

両国の警告と要請に応じる形で、ついに米国政府は一時的に日本とのインターネット接続を遮断した。日本のインターネット接続は米国への太いパイプとその他アジア、欧州へのやや細いパイプからなっていたが、それが失われた⒂。こうして日本は、海外とのメールや商取引、データ送信などの道を断たれ、サイバー空間上で孤立した⒃。データをインターネット上に保存するクラウドに依存していた企業はまったく操業不能となった。

⒂　日米のインターネット接続の切断は米国にも多大な影響が出るため実際に実行されるかどうかは不明だが、可能性はある。

⒃　サイバー空間上で孤立させることをサイバーバリケードという。二〇〇八年にロシアがグルジアに侵攻した際にも行なわれた。

政府はサーバー(17)を国外に移設したり、民間の特別なサービス(18)を利用してこの危機を打開しようとするが、その効果はすぐには出ない。その一方で、この頃にはインターネット接続の遮断によって、海外からのDDoS攻撃や国内のボット(19)を制御しているハーダー（指令者）との接続が切れたことで、政府機関等のホームページなどを攻撃している国内のボットを切り離す作業が進み、一部のシステムの復旧が始まった。ダウンしたサイトがあまりにも多く、復旧の目処は一向につかなかったが、それでも事態の収拾へ向けてかすかに明るい兆しが見えはじめたのは確かなように思えた。

しかし——。日本の中枢が必死で復旧に当たっているまさにそのときに、国内某所にある原子力発電所の制御システムが静かに暴走を始めたことに気づいた者はいなかった。攻撃は終わってはいなかった。始まったばかりだったのだ。

◇　◇　◇

繰り返すが、これはフィクションである。

ただし、サイバー攻撃に対する備えが不十分であれば、同じような災厄がいつの日かこの国を襲わないとも限らない。事実、三菱重工業や総務省、衆参国会議員のパソコン、サーバーのウイルス感染など日本でもサイバー攻撃の被害は続々と報じられている。

攻撃者の報復を恐れたり世評を気にするなどして公表を控えるケースが多いことを考えれば、これらは氷山の一角にすぎないと考えるのが普通だろう。

いったいネットの世界で何が起きているのか――？

詳しくは第1章以降に譲るとして、次項ではサイバー空間がいかにして「戦場化」したのか、技術戦史の視点から概観し、あわせて新たな戦場に対して各国がどのような対応を

(17)　ほかのパソコン（クライアント）にさまざまな機能やサービスを提供するコンピュータ。

(18)　このような負荷に対応するためインターネット上の負荷分散を行なうシステムを有している企業がある。

(19)　ボット（bot）はコンピュータを外部から遠隔操作するためのマルウェア。ロボット（robot）に由来する。ボットに感染したコンピュータ（ゾンビコンピュータ）はボットネットワークを構成し、所有者の知らないところで攻撃の踏み台に利用される。ハーダー（herder）は羊飼いの意。転じてボットを扱うボットの指令者のこと。

取っているのか、我が国の現状も含めて簡単に見ておくことにしよう。

(2) サイバー空間の登場が戦争を変えた

二十一世紀は「サイバー優勢」の時代

戦場における戦い方というのは、戦史を紐解《ひもと》くと、技術の進歩によって劇的にパラダイムの転換がなされてきたことがわかる。

石斧、棍棒《こんぼう》(旧石器)から弓矢(中石器)、青銅器の時代になり(紀元前三五〇〇年頃)、やがてヒッタイトにより鉄の武器が発明された(紀元前一五〇〇年頃)。鉄と青銅器との技術の差は圧倒的で、青銅の刀は鉄の刀にまるで歯が立たなかった。中国で銃が発明されたのは十三世紀後半のことである。

こうした軍事における革命的な変化はRMA(Revolution in Military Affairs/軍事革命)と呼ばれている。RMAが発生する一番の要因は、革新的な技術の登場であり、それまでにない画期的な新兵器の開発は、必然的にそれらを運用する組織や戦法にも変革をもたらす。それを象徴するのが戦闘空間である。

これは陸と海に始まり、空から宇宙、さらにはサイバー空間へと技術の進歩とともにその領域を広げてきた。いまやサイバー空間は「第5の戦場」(①陸、②海、③空、④宇宙、⑤サイバー空間)と呼ばれるようになっている。

人類は古来、大地や海原の上で戦ってきた。そこにおいては相手を一望できる高い場所を制することが戦いを有利に進める絶対条件だった。たとえば、陸戦の時代、敵を遠くから見渡すことができ、防御にも有利な高地(山や丘)は、戦術的に最も重要な地形で、双方の軍はその占有を争った。これはアレキサンダーの時代から不変の鉄則であった。

それを変えたのは二十世紀初頭の飛行機の登場だった。飛行機の発明は当時、新たな高地の出現と呼ばれた。飛行機があれば、単に空から爆弾が落とせるだけでなく、常に相手の位置、動きがわかる。情報収集のあり方を根本的に変える大変革だった。

空を制するものが戦いを制する時代となり、空は独立した新たな戦場になった。飛行機同士が戦う空中戦の始まりである。戦争に飛行機が投入されるようになったのは第一次世界大戦からだ。

次に新たな戦闘空間として登場したのは空より高い宇宙である。国際航空連盟では地表から一〇〇キロメートル（カーマン・ライン）を超える空間を宇宙と定義している。

米ソが宇宙開発にしのぎを削る時代が続き、欧州や中国などが続いた。情報収集のために数多くの偵察衛星が打ち上げられ、高地（宇宙の目）として機能していることは周知の事実である。ただし、その覇権をめぐり、実際に戦争が勃発するようなことはなかった。

一九八〇年代、レーガン大統領時の米国が「戦略防衛構想（スターウォーズ計画）」を打ち出したことがある。敵の発射した大陸間弾道ミサイルをレーザーなどで武装した人工衛星で迎撃、破壊するというものだったが、対ソ戦略としてのプロパガンダ（あるいは国内の景気対策や技術振興）の色彩が強く、技術的にも予算的にも無理があり、計画倒れに終わっている。

その後も宇宙が戦場になることはなく、せいぜい偵察衛星を破壊し、宇宙空間にゴミをばら撒いたくらいだ。それは結局、戦争になるほど宇宙を制する国がなかったからだ。

そして、いま新たな〝高地〟となったのが、サイバー空間である。

サイバー空間とはサイバネティックス（cybernetics）と空間（space）の合成語であり、一般にはコンピュータやコンピュータネットワーク（インターネット＋ネットワーク）のなかに広がる膨大な仮想の空間（データ領域）をいう。

サイバー空間がなぜ〝高地〟になったか。

もともと軍隊において情報や通信は重要な存在だが、それがサイバー空間の登場で複雑高度化し、より早く「知り、伝え、決定し、行動する」ための情報の収集伝達や意思決定の支援などに決定的な役割を果たすようになった。

指揮通信機能は軍の心臓部であり、物理的に軍事衝突する前から（さらには戦闘中を通して）、これを叩いて麻痺《まひ》させてしまえば、相手の軍事力がどれほど強大でも、戦いを圧倒的に有利に進めることができる。逆に言えば、敵のサイバー攻撃によって決定的に不利な戦いを強《し》いられる恐れがある――。そのように認識されるようになったからだ。ここにサイバー空間を争奪する意味が生まれた。

二十世紀の戦争は空を制したものが勝つといわれた。航空優勢（制空権）こそが戦いの鍵であり、空をいかに押さえるかが勝負だった。その考え方にしたがえば、二十一世紀はサイバー空間を制するものが圧倒的に有利となる「サイバー優勢」の時代になるだろう。

鉄道や無線機の発明とその軍事利用など、革命的なRMAは過去に何度もあった。しかし新たな戦闘空間を生み出すほど大きな衝撃を与えたものは数えるほどしかない。今日、サイバー空間が新たな戦場に擬せられるようになったのは、インターネットに象徴される情報革命とその軍事利用が、過去のそれらと比べても特筆大書すべき大変革であり、飛行機や宇宙ロケットの登場に匹敵するような歴史的大転換と考えられているからだ。

第5の戦場をめぐる各国の動き

では、情報革命によって生じた新たな軍事領域であるサイバー空間に対して世界はどのように取り組んでいるのだろうか。

簡単に各国の動きを見ておこう（詳しくは第3章で述べる）。

まずインターネットを生んだ米国は、いち早くサイバー空間を陸、海、空、宇宙に次ぐ第5の戦場と位置づけ、次々と戦略を発表している。コンピュータやインターネットは情報処理や通信などの手段として極めて有益なツールだが、一方でセキュリティ上の脆弱性や欠点もある。組織や社会が過度に依存すれば、それだけ攻撃されるリスクも高くなる。米国はそのことに二〇年以上前から気づいており、危機感をもって対策を講じてきた。

二〇一一年七月には米国防総省が初の「サイバー戦略」を公表し、他国からサイバー攻撃を受けた場合は、攻撃の度合いと被害の深刻さに応じて、サイバー上での防御、反撃にとどまらず、ミサイルで敵の拠点を叩くなど通常戦力を使った武力による報復も辞さない方針を明確に示した。

他国からのサイバー攻撃は「戦争行為」であり、断固として報復すると宣言したのだ。前年の二〇一〇年五月にはサイバー戦を統括するサイバーコマンド（U.S. Cyber Command／米戦略軍司令部隷下の部隊）も設立済みだ。教義（ドクトリン）の研究、装備品の開発も着々と進めている。

ロシアは、エストニアやグルジアに大規模なサイバー攻撃を仕掛けたと言われるほどの屈指のサイバー戦大国である。世界有数のハッカー大国でもあり、その背後にはマフィアの存在も指摘されている。

他国からのサイバー攻撃に対しては、米国同様、報復を宣言しており、かつては核兵器による反撃にまで言及したことがある。ある高級幹部は数年前、「すでにサイバー戦に関するドクトリンの開発なども終わり、部隊を編成、訓練中である」と公言している。第5の戦場への備えは相当に進んでいると見て間違いない。

中国の動きも活発である。一九九九年に二人の空軍大佐（喬良、王湘穂）が著した『超限戦』という戦略研究書があるが、これは人民解放軍の今後の戦い方を示唆《しさ》するものとして大いに注目された。

そこには目的達成のためには手段を選ばず、倫理もタブーも超えてテロでも生物化学兵器でも麻薬でも使えるものは何でも使うとあったからだ。当然、そのなかにはサイバー攻撃も含まれ、すでに人民解放軍の重要な一部門を形成している。また中国は、軍のサイバー部隊とは別に民兵部門を持つことも知られている。

米国家防諜局は二〇一一年十一月、インターネットを通じた経済スパイ活動についてまとめた報告書を発表した。そのなかで中国は「世界で最も活発で継続的なスパイ活動をサイバー空間で行なっている国」として名指しで非難されている。確証はないが、三菱重工業や総務省など相次ぐ日本へのサイバー攻撃についても中国の関与を指摘する声は多い。

北朝鮮も侮《あなど》れない。朝鮮人民軍は、理工系の優秀な人材を選抜し、少数精鋭でサイバー戦部隊の育成をはかっているとされる。最大の特徴はサイバー攻撃に対する防御力の高さだ。先進国と違い、情報ネットワークの整備が遅れているため、主要インフラはほとんどサイバー空間に依存していない。もともと守るべきサイバー空間が少ないのだ。このためサイバー攻撃を受けてもほとんど無傷ですむ可能性が高い。

サイバー空間の攻防では、攻撃力とともに、国のネットワーク化の進展具合や主要インフラのネットワーク依存度などが雌雄《しゆう》を決する重要なファクターになる。

このほか、英国、韓国、台湾、イスラエル、イランなどもサイバー空間を第5の戦場と考え、次なる戦いに備える動きを見せている。

いまの法体系ではサイバー攻撃から日本を守れない

中国、ロシア、北朝鮮、韓国、台湾——。これらはいずれも日本の周辺国である。それらの国々がこぞってサイバー戦への備えを強化している。翻《ひるがえ》って日本はどうか。

二〇一一年版防衛白書は、冒頭の第一章第一節で「サイバー空間をめぐる動向」としてサイバー攻撃への対処を課題に掲げた。従前に比べて明らかに扱いが重きにシフトしており、関心の高さがうかがえる。その点は評価できる。

ただし、その内実となると心許《もと》ない。海外からサイバー攻撃を受けたら、それを迎え撃つのはどこの国でも軍隊である。しかし、日本の自衛隊はその任を与えられていない。

日本には戦争放棄の憲法九条があり、専守防衛を国防の基本方針としている。自衛隊が動くには「防衛出動」（自衛隊法第六章「自衛隊の行動」第七十六条）がかかる必要があるが、対象は「武力攻撃」であり、現状、サイバー攻撃は含まれない。ミサイルや戦闘機による空爆などのように物理的な破壊や殺傷をともなわないサイバー攻撃は武力攻撃ではない、とされているからだ。

このため先ほどのシミュレーションのように通信や交通、金融など日本の中枢システムがサイバー攻撃を受けて大混乱に陥ったとしても、いまの法体系、法解釈のもとでは自衛隊の防衛出動はあり得ない。

自衛隊の本来任務は、国民の生命、財産、国土の安全を守ることである。であれば、その中枢インフラを守るのは当然のミッションであろう。しかし現状、自衛隊が守るのは、自衛隊の指揮通信などのシステムであって、国の中枢インフラではない。それらを守る組織として自衛隊は位置づけられていないのだ。

しかも、仮にサイバー攻撃＝武力攻撃となり、防衛出動が認められたとしても、今度は専守防衛という枠組のなかでどこまで反撃が許されるのか、という問題も出てくる。

自衛隊のサイバー戦部隊として「サイバー空間防衛隊」（自衛隊指揮通信システム隊隷下）の設立が予定されている。どのような機能や組織、装備を持つのか、この本を執筆している時点では、まだはっきりしない。だが、いずれにしても、いまのままの法体系、法解釈であれば、その役割は極めて限定的なものにならざるを得ないだろう。

サイバー攻撃の恐ろしさは、誰が、何のために、どうやって行なっているのか判然としないことである。しかも現在の技術では攻撃側が常に先手を取っており、事前に万全の対策を講じておくのは極めて難しい。

だからといって事前の対策を否定するものではないし、考え得るかぎりの方策を十全に行なうべきなのは言うまでもないが、一方で実際に攻撃された場合にどう対処するのか、たとえば、侵入を早期に探知し、被害の拡大を食い止め、原因を特定して適切な対応を行なうとともに、いかに早く復旧するかなど、実際に攻撃された場合を想定した精緻な計画を用意しておくことも極めて重要になる。

新しいサイバー空間での戦いは、おそらくこれまでのように軍隊だけが戦うという姿ではなくなるだろう。当然、日本においても自衛隊と他省庁との連携が必須になる。そうしないかぎり、国の中枢システムを狙うようなサイバー攻撃には到底対応できない。

そうした横軸の連携も含めてサイバー攻撃への対処には課題が山積している。

いったい日本はどうやってサイバー攻撃から国民の生命、財産、国土の安全を守ればいいのか——？

この問いについては、サイバー戦の実態（第1章）、軍事的な位置づけ（第2章）、世界のサイバー戦事情（第3章）、サイバー空間の国際ルール（第4章）について述べたうえで、改めて第5章で考えてみたい。

第1章

世界を脅《おびや》かすサイバー戦の実態

インターネット社会の進展にともない、ネットワーク上の詐欺事件やマルウェア（悪意のあるプログラムの総称）による被害など、いわゆるサイバー犯罪、サイバー攻撃が多発している。

しかもその手口は複雑、巧妙化の一途を辿《たど》っており、いまやそのターゲットは個人や企業にとどまらず、国家やそれに準じる組織にまで及ぶ。マルウェアやハッキングなどのサイバー技術は、犯罪のみならず、諜報《ちょうほう》、軍事活動などでも強力な「武器」になるからだ。

進化しつづけるサイバー技術と世界の安全保障上の新たな脅威について考えてみたい。

（1）「見えない戦争」を支えるサイバー技術の発達

スマートフォンが盗聴器や盗撮カメラになる

スマートフォンの急激な普及にともない、スマートフォンを狙ったマルウェアが急増している。多くのスマートフォンで採用されているグーグルのＯＳ（基本ソフト）である

「アンドロイド」が標的になるケースが多く、二〇一一年二月に見つかった「ゲイニミ」(Geinimi) 以降、その発見が相次いでいる。

正規のゲームソフトを違法コピーし、不正プログラムを組み込み、リパッケージしたものもあり、これを、非公式サイトの無料配布などに釣られてダウンロードすることで感染するパターンが多い。侵入を許すと、スマートフォンは乗っ取られ、遠隔操作によってＧＰＳの位置情報や連絡先などの個人情報、契約者情報を記録したＳＩＭカード情報、さらには写真、動画、ＳＭＳ（Short Message Service／ショート・メッセージ・サービス）のデータなどがごっそり盗まれ、攻撃者に送られてしまう。特定の電話番号につながれ、高額のサービス料金を請求されることもある。

それだけではない。こうしたマルウェアを使えば、スマートフォンを遠隔操作して盗聴器や盗撮カメラに仕立てることもできる。乗っ取られたスマートフォンは攻撃者の思うがままで、所有者の知らないところで勝手にどこかに電話をかけることも、カメラ機能を起動させることも可能だ。このため遠隔地にいながら、スマートフォンの周辺の音や様子を盗み聞きしたり、覗《のぞ》き見したりすることができるのだ。

それこそ重要な会議のテーブル上に乗っ取られたとも知らずにスマートフォンを置いておけば、音も映像も筒抜けとなり、機密情報を丸ごと盗まれる恐れもある。

まるでスパイ映画のようだが、これは事実である。マルウェアに感染したスマートフォンが遠隔操作によって盗聴器や盗撮カメラになり得ることは、筆者も実際に確認している。

スマートフォンは多機能携帯電話と総称されるが、実際は小さなパソコンに携帯電話の機能が付いていると考えたほうがいい。電源は二四時間入れっぱなしで、インターネットにも常時接続可能だ。マルウェアに感染するリスクは、ある意味、パソコン以上かもしれない。

スマートフォンの脆弱性やその対策については、第5章で改めて述べるとして、ここでみなさんに注目していただきたいのは、インターネットに象徴される情報革命は、その急激な進展にともない、こうした驚くべきサイバー犯罪、サイバー攻撃も惹起《じやつき》し、その手口はますます複雑、巧妙化の一途を辿っている、という点だ。

サイバー技術の進化は、どのような脅威を招来してきたのか。

まずはその歴史を簡単に振り返ることから、本章を始めたいと思う。

「知的欲求を満たすいたずら」から「金銭目的の犯罪」へ

サイバー犯罪は、かつては愉快犯《ゆかいはん》的なものが多かった（49ページ図参照）。

一九八〇年代前半に登場した初期のマルウェアは、単に画面が崩れるなど、それとわかるメッセージを残すだけで、パソコンに直接被害を与えるようなものはほとんどなかった。それはつまり、自分の技術を誇示し、相手を驚かせたいという、知的な好奇心や欲求を満たすためのちょっとした遊びやいたずらのようなものだったからだ。

「コンピュータウイルス」は、自分では増殖できず、他のプログラムに感染し、そのプログラムが実行されるときに自らをコピーし、増殖していく。その動作が自然界のウイルスと同じように感染、潜伏、発病というプロセスを経ることから、フレドリック・コーヘンが自身の論文で初めてそう呼び、定義づけた。一九八四年九月のことである。

八〇年代後半にネットワークの時代が到来し、新しいマルウェアの「ワーム」が登場しても最初のうちは基本的に知的ないたずらのレベルを出なかった。ワームはウイルスと違って媒介役のプログラムを必要とせず、自らコピーを作成し、そのコピーがさらに別のコピーを作成する。ネットワークを通じて自由に移動し、増殖するのが特徴だ。

八八年に登場し、大騒ぎとなった初期ワームの一つに「モリスワーム」というのがあるが、これにしても作成者のロバート・モリス（当時、コーネル大学の学生）によれば、害のない知的実験（インターネットの大きさをはかりたい！）のつもりだったという。ところが、拡散のためのプログラムに問題があったため、ネットに接続していたコンピュータを次々にダウンさせるなど大騒動になってしまった。悪意はなかったのだ。

それが一九九〇年代の後半になると徐々に変質し、新しい世紀が始まる二〇〇〇年前後になると、明確に金銭目的のマルウェアが登場するようになる。「スパイウェア」や「スパムメール」の登場はそれを象徴するものだ。

スパイウェアは、人知れず侵入し、個人情報や入力した情報などを特定の場所に送信するプログラムの総称で、以後、ネットで買い物をするときのＩＤ、パスワードなどを盗まれ、高額の買い物をされるケースなどが続出した。

スパムメールは、不特定多数のメールアドレスに大量送信される迷惑メールのことで、

サイバー犯罪の移り変わり

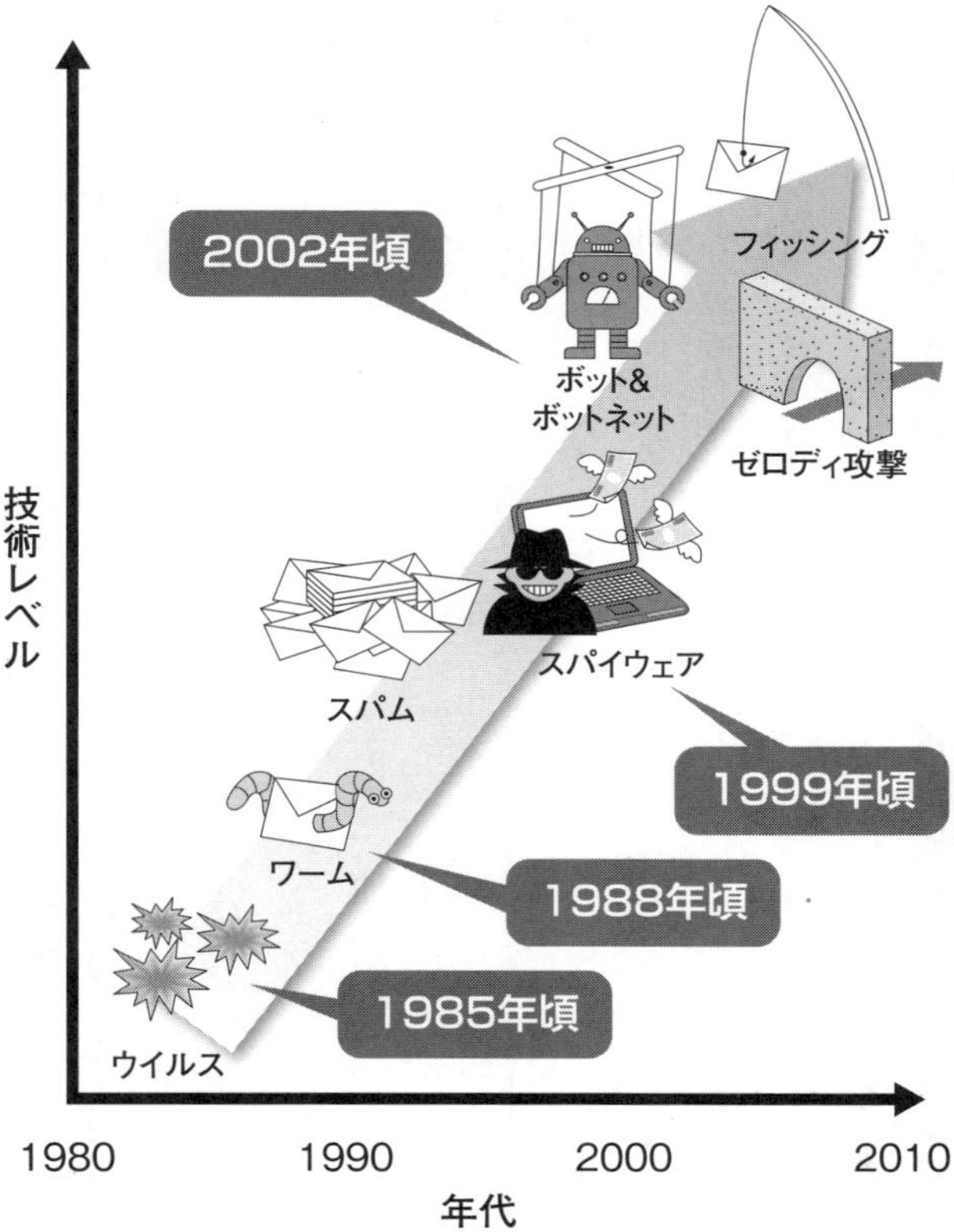

初期のサイバー犯罪は、単なる興味や技術の誇示が目的の愉快犯的なものが多かった。90 年代後半から徐々に変化し、金銭目的のマルウェアが多く作られるようになった。近年ではほとんどのマルウェアが犯罪目的で作られる「クライムウェア」と呼ばれるものである。

紙のＤＭ広告より圧倒的に安上がりなので爆発的に増えた。いまや全メールの八～九割はスパムといわれている。これは単なる迷惑広告にとどまらず、スパイウェアなどのマルウエアの感染や後述するフィッシングの手段としても使われるので非常にやっかいだ。このためウイルス対策ソフト会社の監視も厳しく、同じ発信元から大量配信（たとえば一万通以上など）されるメールはスパムだとしてブロックされるようになった。

そこで次に登場したのが「ボット」（bot）である。他人のコンピュータを乗っ取り、遠隔操作するためのマルウエアで、ロボット（robot）に由来する。ボットに感染したコンピュータ（ゾンビコンピュータ）で構成されたネットワークを「ボットネット」といい、感染の拡大とともに一万台、一〇万台と増えていく。

一台のコンピュータから一万通のスパムメールを出せばブロックされるが、ボットで一万台のコンピュータを遠隔操作し、それぞれのコンピュータから一通ずつ送れば、同じ一万通でもブロックされずにすむ。このためボットは、スパムメールを送るときの踏み台によく使われる。

またボットは特定サイトの攻撃などにもしばしば利用される。インターネット上のサーバーに対して大量のアクセスを集中させてダウンさせたり、システムの脆弱性を攻撃することを「ＤｏＳ攻撃《ドス》」（Denial of Service Attack／サービス拒否攻撃）、複数のマシンからＤｏＳ攻撃を行なうことを「ＤＤｏＳ攻撃《ディードス》」（Distributed Denial of Service attack／分散型サービス拒否攻撃）という。攻撃したい会社や組織などがある場合、ボットを使えば、ボットネットの大量のコンピュータから一斉にＤＤｏＳ攻撃を仕掛けることができる。

誰かの代わりにお金をもらって攻撃したり、ボット（ボットネット）を賃貸ししたりする場合もある。実際、ロシアには「一時間一〇〇ドル、一〇分間無料お試しサービス付き」などの条件でレンタルしている闇サイトが存在する。

二〇〇五年頃に相次いで登場したのは「フィッシング」と「ゼロディ攻撃」である。

フィッシングはオンライン上で個人情報をだまし取る詐欺の一種で、釣り（fishing）からきている。金融機関などの正規のメールやウェブサイトを装《よそお》い、銀行口座やカード番号などを詐取する。昔は何かをクリックしなければ平気だったが、いまは見に行っただけでアウトというサイトがかなりある。見る者を石に変えたというギリシャ神話の異形の怪物にちなんで筆者はその手のサイトを「メデューサ」と呼んでいる。

ゼロデイ攻撃（zero-day attack）はソフトウェアに脆弱性が発見されたとき、メーカーなどから修正プログラムや修正パッチが提供される前にその脆弱性を悪用して行なわれる攻撃をいう。

最近のマルウェアは、そのほとんどが犯罪目的で作られる「クライムウェア」であり、なかでも金銭を目的とするものが圧倒的に多い。

サイバー犯罪は闇社会の成長産業

では、具体的にはどのような金銭目的の犯罪があるのか。

これにはたとえば、感染すると使用者が入力した個人情報やクレジットカード番号を盗み出したり、そのパソコンを乗っ取って他者への攻撃や脅迫に利用したりするもの。単純にそのパソコンを使用不能にして解除するための金銭を要求するもの。あるいは使用者のセキュリティ上の脅威について虚偽または誇張した情報を提示し、その脅威を取り除くという名目でセキュリティソフトウェアの購入やアプリケーションのバージョンアップを促し、代金を詐取するものなどいろいろある。

　また利用者から直接金銭を得るのではなく、盗み出したクレジットカード番号、銀行口座、電子メールアドレスなどの個人情報それ自体を売買するケースも増えている。これらはクライムウェアやボットネットなどと同様にサイバー犯罪に欠かせない道具であり、犯罪者や犯罪組織による闇のマーケットもできつつある。規模は年間三億ドル以上という。

　闇の商品のうち最もニーズが多いのはクレジットカード情報で、全体の約三割を占め、値段は一〇セント〜二五ドル程度。次いで銀行口座が約二割を占め、口座一件当たりの値段は一〇〜一〇〇〇ドル程度という。このほかマーケットでは攻撃用コードやフィッシング詐欺ツールなどが売られ、攻撃用コードの開発者やフィッシング詐欺のパートナーなどの人材募集まで行なわれているという。

　サイバー犯罪は闇社会の成長産業として確実に発展している。

金銭目的の犯罪に埋もれる政治的攻撃

　一般にサイバー攻撃の主体は、

①知的な遊びやいたずらをする人たち（愉快犯）

②金目当ての人たち（金銭目的の犯罪組織）
③政治的な思惑のある人たち（ハクティビスト／hacktivist・政治的ハッカー）
の三つに大別できる。前述のように昔は個人の知的な遊びやいたずらが多かったが、いまは金銭目的の人たちがほとんどであり、しかもその主体は個人ではなく犯罪組織だ。

数年前までは政治的な思惑のある人たちの攻撃も目についた。たとえば八月十五日（靖国参拝）や九月十八日（満州事変）が近づくと明らかに反日感情をたぎらせた攻撃が増えたものだ。そこには政治動向と攻撃数にはっきりとした相関関係が見て取れた。

しかし、最近はそれが目立たなくなった。減ったのかというと、そうではない。それが目立たなくなるほどに金目当ての攻撃数が急増し、彼らの攻撃が埋もれてしまったのだ。サイバー空間で金儲けを企《たくら》む犯罪組織の動きは、それほどまでに活発化している。

しかも最近の傾向として彼らの攻撃対象は、
①高価値目標
②低価値目標
の二つに顕著に二極化している。

高価値の目標とは、それ自体がお金になるターゲットのことで、ある特定の企業などを攻撃して莫大なお金を得ようとするケースをいう。一般的には標的型攻撃という。筆者のパソコンを攻撃してクレジットカード番号を盗んでも、それで手にできるお金はたかが知れている。しかし、同じ労力をかけるなら、何千万、何億円儲かったほうがいい。

大金を狙うからには当然、それに見合った攻撃技術が要求される。愉快犯の時代は技術もそれほど高くなく、痕跡も残されていたため対策は比較的容易だった。

しかし、最近の金銭目的に利用されるマルウェアは極めて高度であり、対策が難しくなっている。犯罪組織は資金力にものをいわせて有能なプログラマーをかき集め、特注のマルウェアを作成する。品質要求は極めて厳しく、実際にウイルス対策ソフトでそれが見つかるかどうかを確認したうえで攻撃してくる。だから、まず見つからない。ゼロデイ攻撃でウイルス対策ソフト会社がそれを発見し、対策を講じるまでに稼いでしまう。

近年、マルウェア（ウイルス）の届出件数が減っている（56ページグラフ）が、それは見かけ上で実際は増えている。それが統計に反映されないのは、犯罪組織の技術の高度化で彼らのマルウェアを検出できないケースが増えているからだ。また、ひどい被害にあって

ウイルス届出件数の年別推移

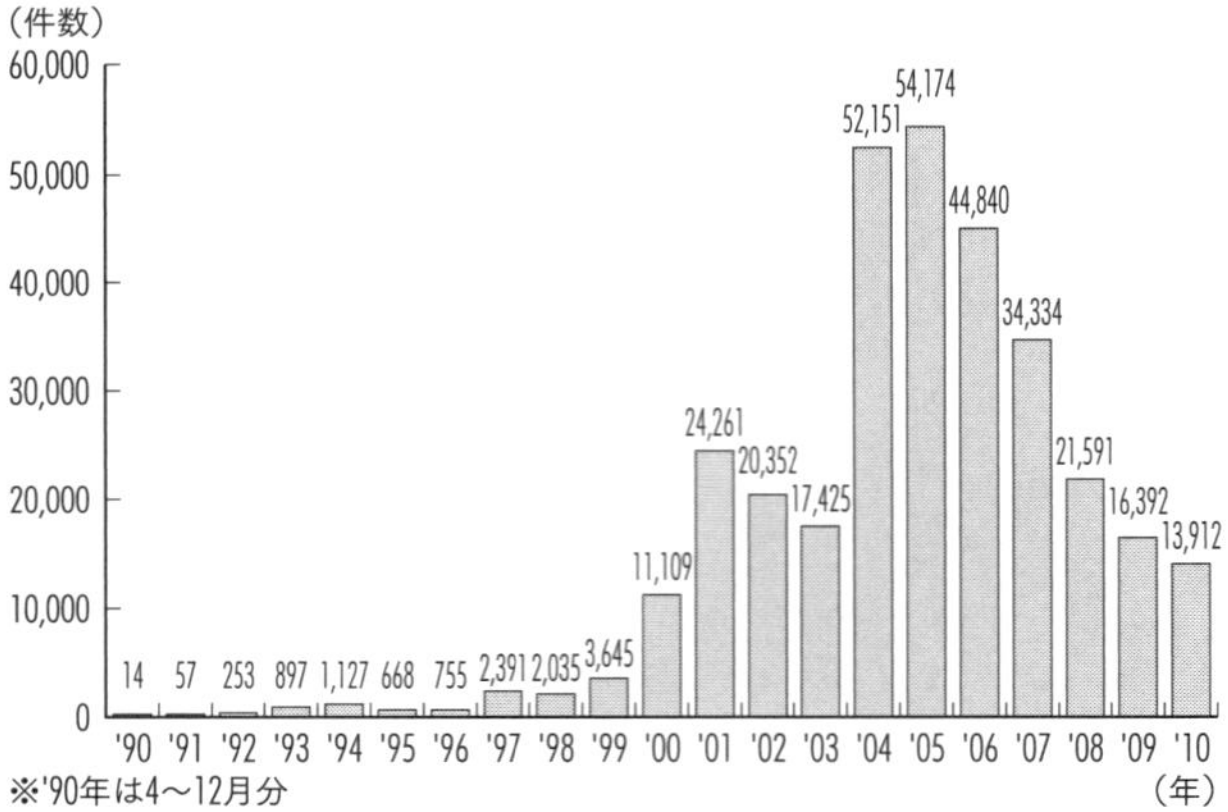

独立行政法人情報処理推進機構セキュリティセンター(IPA／ISEC)調べ

も、攻撃者からの報復や世間で悪評が立つのを心配したり、社内での責任追及を恐れるあまり、あえて隠蔽《いんぺい》するケースも少なくない。これも届出件数が見かけ上減っている大きな理由の一つである。

高価値目標の攻撃には、お金を掠《かす》め取るのが狙いではなく、防衛産業の高度な軍事情報などを盗むケースもある。その場合の攻撃主体は、後述するように、犯罪者ではなく、どこかの政府が国をあげてやっている可能性が高い。ちなみに米国では、技術的に極めて高度なマルウェアを用いて防衛部門など国の中枢システムを執拗《しつよう》に攻撃する標的型攻撃を特に「APT」(Advanced Persistent Threat) と呼んで警戒している。

ところで、このAPTの意味なのだが、公式には「高度で執拗な脅威」ということになっている。もともと某国から米国への執拗な攻撃を指していた米軍内のスラングだったと思われるこの言葉について筆者はちょっと気がついたことがある。

57ページの画像は、アメリカでは結構ポピュラーなゲームのタイトルなのだが、ごらんのようにこのゲームをプレイする人は“The Awful Green Things”すなわちこの宇宙から来た緑の生命体を略して「AGT」と呼んでいるらしいのだ。これにちなむと、APTは“Awful PLA（People Liberation Army＝人民解放軍）Things”の略だったのではないだろうか……。もし、そうだとしたら面白いと思う。

知らないうちに私たちも攻撃に加担している

では、攻撃の二極化のもう一つ、低価値目標とはどういうものか。これは、ターゲットそれ自体はあまりお金にならない目標のことで、具体的には我々一般の人たちをいう。

お金にもならないのになぜ狙うかといえば、前述のボット用である。遠隔操作できるゾンビコンピュータとして乗っ取ってしまえば、DDoS攻撃などに使える。闇のビジネスとして「あの会社を攻撃してくれ」という依頼者からお金をもらって実行し、システムをダウンさせる。あるいはボット（ボットネット）そのものを貸してお金を取ることもできる。

最近はそうやって本人の知らないところでパソコンを乗っ取られ、攻撃の踏み台に利用されるケースが増えている。ウイルス対策ソフトを入れない人が増えたからだ。テレビのスイッチを入れるような気軽さで誰もが気軽にパソコンと付き合えるようになった結果、コンピュータリテラシー（パソコンを使ううえで必要な最低限の知識）のない人も増えてしまった。そういう人は「ウイルス対策ソフト？　面倒臭いし、お金がかかるから入れてない」などと平気な顔をしていう。無自覚無責任とはこのことだ。

ウイルス対策ソフトは、すべてのマルウェアを検出できるわけではないが、ある程度は防ぐことができる。ネット上には防御の甘いパソコンを狙って常時スキャンしている悪い人間たちがいる。ウイルス対策ソフトを入れていなければ、早ければ三分、遅くとも三時間以内には発見され、マルウェアを仕込まれて、犯罪の片棒を担《かつ》がされる恐れがある。

それは言ってみれば、海外旅行に行って、本人が知らないうちに麻薬の運び屋に仕立てられるようなもので、セキュリティの意識が希薄でウイルス対策ソフトも入れていなければ、いつなんどき犯罪組織に手を貸すことになるかわからないのである。

これはスマートフォンでも同様で、ウイルス対策ソフトは必ず入れる必要がある。そうでないと、本章の冒頭で述べたように、乗っ取られて何をされるかわからない。

ぜひ、そうした危機感をもって、攻撃に備えていただきたい。

サイバー技術の軍事利用が始まった

さて、これまで見てきたように、マルウェアは時代とともにその技術が高度になり、作成の動機も個人の知的ないたずらや好奇心から金銭目的へと変化してきた。それにともないマルウェアの作成や攻撃の主体も個人から犯罪組織へと大きく変わった。

このような流れを見れば、次にその主体となるのはより大きな組織である国家ではないかと考えるのはごく自然のことだろう。事実、世界の安全保障をめぐる状況はそのように動いている。いまや世界は、国家によるマルウェアの作成、あるいは国家の安全に対するマルウェアの脅威というものに目を向けなければいけない時代になった。

国家レベルのサイバー技術の利用とは、具体的には諜報目的（サイバースパイ）や軍事目的（サイバー戦）をさす。歴史的に新しい技術が常に軍事転用されてきたのは残念ながら否定できない事実である。無線機、飛行機、原子力、みんなそうであった。

そしていま、サイバー技術がその列に加わったのである。

マスメディアを賑《にぎ》わすマルウェアは、企業の機密情報を狙うものが多い。しかし、狙われるのは無論、企業だけではない。国家やそれに準じる組織もターゲットになる。

国家レベルの諜報活動として二つのサイバースパイ事件を紹介しよう。一つは二〇〇三年に起きた「タイタン・レイン事件」、もう一つは二〇〇九年に起きた「ゴーストネット事件」である。

①タイタン・レイン事件（二〇〇三年）

米国防総省のネットワークから一〇〜二〇テラバイト（一テラバイト＝一〇二四ギガバイト）という膨大なデータが盗まれた事件で、捜査機関によってコードネーム「タイタン・レイン」と名づけられた。攻撃されたのは米陸軍ワーチュカ駐屯《ちゅうとん》地、国防情報システム局、海軍海洋システムセンターなどで、軍事産業のロッキード・マーチンも標的になった。攻撃者はあらかじめ周到に調査し、システムの脆弱性を突いて侵入していた。このとき米空軍ロード少将は「犯人は中国だ」と公《おおやけ》の場で非難した。中国による組織的なサイバースパイ活動の一つと見られている。

②ゴーストネット事件（二〇〇九年）

二〇〇九年三月二十九日にカナダの研究者たち（トロント大学と民間のセキュリティ企業）により発表されたダライ・ラマ事務所の盗聴事件である。ダライ・ラマは中国の占領下にあるチベットの歴史的宗教的最高指導者である。そのダライ・ラマのインド、ダラムサラにある亡命事務所で「会話が外部に漏れている」との疑いが強まった。

当初は内部の裏切り者や盗聴器の存在が疑われたが、結局、見つからなかった。そこでカナダの研究者たちに調査を依頼したところ、事務所のパソコンがスパイウェアに感染していたことがわかった。研究者らはこのスパイウェアによる情報収集システムを「運営主体が不明のネットワーク」との意味から「ゴーストネット」と名づけた。

このスパイウェアは、おそらくメールに添付して送り込まれており、通常のウイルス対策ソフトでは検知できないものであった。パソコンは攻撃者に乗っ取られ、所有者の気づかないうちにマイクやカメラが遠隔操作でオンにされ、盗聴、盗撮に使われていた。

その後、このスパイウェアで盗まれた情報の送信先などが調査されたが、明確にはわからなかった。ただし、関連した調査により、同様のスパイウェアが一〇三カ国、一二九五台のパソコン（インド、韓国、インドネシア、ルーマニア、タイ、パキスタンなどの大使館のパソコンを含む）に感染していることがわかった。

チベットの独立をめざしているダライ・ラマの事務所やアジア各国の大使館を主に標的にしていることから、確証はないものの、この事件にも中国が深く関与していると疑われている。

日本でもすでに起きている「見えない戦争」

二〇一一年夏、三菱重工業や総務省、衆参国会議員などを狙ったサイバースパイ事件が明らかになった。これらは、メールなどを利用してパソコンにマルウェアを送り込み、そのパソコンやそれらが接続するサーバーからパスワードや資料などの情報を盗み出すというものだった。

こうした国家の中枢や軍事防衛関連を標的とした外国からのサイバー攻撃は以前から日本に対しても頻繁《ひんぱん》に行なわれており、表沙汰にならなかっただけである。これ以降も、防衛産業など複数の会社がサイバー攻撃にあっていることが確認されている。この種の被害は、企業としても株価や営業への影響を考えると、できるだけ公表したくない。そのため、報道など表に出てくるものは氷山の一角と捉《とら》えたほうがよい。

国家レベルのサイバースパイ事件は、いまや世界で日常化しており、その意味ではサイバー技術を使った「見えない戦争」はすでに起きていると言ってもいいだろう。もちろん、日本も例外ではない。

戦争とは外交で解決できない問題を武力で解決することだが、もっと広い意味では、国家間における国益を追求するための平和的手段以外はすべて戦争であると言うこともできよう。

だとするなら、平時から相手国の政策や科学技術情報を不正に盗むことも一種の戦争である。サイバー技術の進展によりこの種の課報活動が増えるのは、ある意味当然なのだ。

(2) サイバー戦の手段と実戦例
——ついに姿を現わした「サイバー兵器」とは

なぜ米軍は中国製のコンピュータを使わないのか

こうした諜報活動の一方で、サイバー技術を直接、軍事目的に利用すること、すなわちサイバー戦とは、どのように行なわれるものなのか。

サイバー攻撃と聞いて多くの人が思い浮かべるのは、システムへのウイルス感染やハッカーによる侵入だろう。そうした攻撃手法は、しばしば映画の世界でもお目にかかるし、いろいろな著作物でも取り上げられ、言及されている。

そこで本書においては、それらを網羅《もうら》する代わりに、サイバー戦の代表的な手段、戦法を説明した後で、これまでの実戦例を紹介したいと思う。

①DDoS攻撃

サイバー戦においても、最も基本的な攻撃要領は、やはり「DDoS攻撃」（分散型サービス拒否攻撃）である。

これは攻撃対象である目標システムに処理能力以上の大量のパケット（packet／小さなデータのかたまり。もともとの意味は小包）を送りつけて敵のシステムやネットワークの機能を麻痺させ、正規の利用を妨害する方法である。軍事的には飽和攻撃と呼ばれる。ボットネットを使った高度なものから人海戦術に至る簡単なものまでいろいろある。最も原始的な攻撃方法でありながら、戦術としても非常に有効だ。

もともとパケットは、正しいものと不正なものとの区別が難しく、DDoS攻撃に対して有効に対処するのは極めて困難である。高性能のコンピュータを多数用意するなどしてシステム全体の処理能力を向上させれば、防御能力は上がるが、一方で費用もかさむ。また、システム上の応答手順の欠陥を突くサイバー攻撃に対しては、単純な能力向上だけでは対処できない。下手をすると無駄な投資になる恐れがある。

類似した攻撃要領に、大量のメールを送りつけることで、それを読むべき人間の仕事上の負荷を上げ、ほんとうに重要なメールを大量のメールの海に溺れさせ読めないようにするという極めて人間的なサービス妨害攻撃もある。

②プログラムの乗っ取りや書き換え

以前、テレビで女子のバレーボールの試合（北京五輪世界最終予選兼アジア予選）を見ていたとき、監督の采配を補助するパソコンソフトウェアの解説を行なっていた。これは相手チームの選手の動きをデータ入力し、解析することで戦い方を有利に運ぶための助言をするもので、「データバレー」というイタリア製のソフトだった。

このソフトによる第一セットの分析から、相手チームの主力選手がサーブを拾った場合、次のアタック成功率が一〇％ほど下がることがわかった。そこで日本チームは、第二セットからサーブを打つときはその選手を狙い打ちにし、そのセットをものにした。

近い将来、戦争においても同様のことが行なわれる可能性は高い。すなわち、コンピュータを利用した敵情の分析と対策の列挙、提案である。これまで作戦計画の作成に当たっては、まず図上で敵味方の部隊を表す駒を動かしながら戦闘の流れを考察した。それを何通りか行ない、比較検討をするのだが、このやり方では、味方の行動方針が三通り、敵の可能行動が三通り、その組み合わせの計九通り程度を検討するのがやっとだった。

しかし、これからはコンピュータ上で、予想される戦闘のシミュレーションを数多く行ない、その結果を見て最良の行動方針を決定できるようになるだろう。人の手では九通りの分析がやっとだが、コンピュータを使えば、五〇通りでも一〇〇通りでも異なった状況をシミュレートし、比較検討することが可能となるからである。

この種の軍の行動決定を支援してくれるソフトを「見積もり・分析支援ソフト」といい、米軍などではすでに採用している。

さてそこで、決定的な瞬間に敵の見積もり・分析支援ソフトを悪いもの（一見それらしいが実は間違った結果を表示するソフト）に入れ替えたり、機能不全に陥らせることができれば、敵の作戦を混乱させたり、誤った方向へ導くことができる。

現代の軍隊はいろいろなプログラムを使っている。それをこの見積もり・分析支援ソフトのように乗っ取りやすり替えで別のものに変えることができれば、敵に大きなダメージを与えることができるだろう。サイバー攻撃の有力な要領の一つである。

③チップへのマルウェアの埋め込み

いまから二〇年ほど前、筆者は自衛隊の陸幕（陸上幕僚監部）調査部にいた。あるとき米国のある上院議員による次のような議会での質問の文書に目がとまった。

「米国はいまFMS（Foreign Military Sales／米国の対外有償軍事援助）で武器を外国に輸出しているが、それがもし敵の手に渡って米国の若者を殺したらどうするのか」

それに対する回答は資料からは見つけることができなかったが、その後この話は二度と出なかった。議会の裏手ではしかるべき人物がその議員を呼んで、こんなふうに囁《ささや》いたのではなかったかと筆者は妄想している。

「先生、ご安心を。外国に渡している武器にはちゃんと秘密の装置が入っていて、こちらがスイッチを入れるとみんな壊れるようになっています。ですから、あのような質問はどうかご遠慮ください。よろしいですね……」

まるで「スパイ大作戦」(Mission: Impossible) だが、いまでは確証はないものの、その可能性は十分にあると考えられている。これらはキルスイッチと呼ばれている。

しばらく前に米国は「中国製のコンピュータは軍の機微に触れるようなシステムには使わない」と宣言した。その意味するところは、中国製コンピュータのソフトやハードには「特別な仕掛け」が入っている恐れがあるから怖くて使えないということだ。

しかし、そういうことを言う人間に限って、たいてい自分もやっているもので、FMSで海外に輸出される武器には、たとえば協定で開けられないブラックボックスの中などに高い確率で米国の安全保障を担保するための「特別の仕掛け」が何かしら施されているのではないかと筆者は見ている。

いずれにしろサイバー攻撃の手段は、何もソフトウェアに限った話ではない。後述の事例にもあるが、実際に攻撃を開始するはるか前の設計開発・製造（あるいは流通）の段階でハード内部のチップにマルウェアを埋め込まれてしまったら防御のしようがない。ソフトウェアのようにパッチ（修正プログラム）を当てて修正するわけにはいかないからだ。

チップにキルスイッチなどの仕掛けを施すというのは有力な攻撃要領と言える。

④その他の攻撃——脅迫、潜入、心理戦

前記のようなコンピュータに直接関わる攻撃のほかに物理的なものも考えておく必要がある。たとえば、想定すべき攻撃の一つとして捕虜の獲得とその利用がある。

VISA《ビザ》やマスターカードなどの金融関係会社は、システム管理者やその家族がマフィアなどに誘拐、脅迫され、IDやパスワードなどシステムに関する重要情報を奪われるという非常事態を想定し、高位のシステム管理者やその家族には専属のガードマンがついて護衛に当たっているという。

サイバー戦を考察する場合、敵の通信やシステムなどの施設を襲撃し、その場にいた者から強引にIDとパスワードを聞きだすことは、十分に想定し得る攻撃要領である。

実際、第二次世界大戦では、敵の暗号機を奪取するために数々の秘密作戦が行なわれた。たとえば、映画『U571』（二〇〇〇年）は、ドイツ軍のUボートから「エニグマ」暗号機をドイツ軍に探知されずに奪取する戦いを手に汗握る展開で描いた傑作である。

敵陣にスパイを潜入させたり、内通者を仕立てるという方法もある。マルウェアを仕込んだＵＳＢメモリを標的のパソコンに差し込むことでミッションは完了という寸法だ。

このほか戦闘行為に直接影響はなくとも、心理戦や宣伝活動、諜報の分野でサイバー技術を利用することは可能であり、それらが間接的に戦闘に影響を与えることは大いにあり得ることだ。

この種の情報操作の可能性を示すものの一つにネット検索がある。何かを調べようとするとき、ネットで検索するのはもはや常識であり、キーワードを入力すると、それに関するサイト上のアドレスが表示されるのでとても便利である。

だが、問題もある。普通の人は提示された膨大な検索結果のうち、一番上の一つか二つしか見ない傾向が強い。ここでもし検索データを提供している組織が、その検索結果に意図的にバイアスをかけていたらどうなるだろうか。社会の意識の方向を少しずつ誘導することが可能である。これに懸念を示す声は以前からある。

また、商業的には検索会社にリベートを提供することで自社の製品を有利に取り扱ってもらうという可能性がないとはいえないとの噂もある。

さらに高度な心理戦・宣伝活動として、たとえば、外交問題や歴史問題を検索すると、少しだけその国に有利なようにバイアスがかかった記事が表示されるようにするという方法もあるかもしれない。これなどは戦略的サイバー心理攻撃と呼べそうである。

過去のサイバー戦で何が起きたのか

では、こうしたサイバー戦の実戦例はあるか、と言えば、すでにかなりの数が確認されている。

ただ、サイバー攻撃を仕掛けたと発表する国はまずないので、巷間《こうかん》伝わるものには噂話の域を出ないものや明らかな嘘や間違いも多い。ここでは比較的信憑《しんぴょう》性の高いサイバー戦を三つ紹介する。

①米軍のイラク軍防空システムへのサイバー攻撃（一九九〇年）

いまから二〇年以上前の一九九〇年、米軍は湾岸戦争でイラクの防空システムへの感染を狙ってプリンター内部のチップにマルウェアをセットしたことがある。

当時のイラク陸軍は世界屈指の強さを誇った。米軍は地上戦を避けるため航空優性の確保を狙い、イラクの防空システムを潰すことを計画した。サイバー部隊はイラクの防空サイトにプリンターが納入されるという情報をつかむと、周到な準備を経て、そのプリンターにマルウェア入りのチップを仕込むことに成功した。

だが、マルウェアが起動して防空システムをダウンさせようかというとき、別の部隊がアパッチヘリで防空サイトを急襲、ミサイルで破壊してしまった。このためマルウェアの効果は不明である。ちなみに、この笑い話のような米軍の連携の悪さは、サイバー戦が極秘裏に進められた弊害と思われる。

②米軍のセルビア軍防空システムへのサイバー攻撃（一九九九年）

一九九九年のコソボ紛争のとき、NATOはユーゴスラビアへの空爆作戦を展開した。米海軍大学院のジョン・アキラ教授によれば、このとき米軍はセルビア軍の防空システムをハッキングして通信データを改竄《かいざん》し、偽の情報を送り込んだという。これでユーゴ軍の防空システムは機能を失い、NATO軍の機影を正しくつかむことができなくなった。

なおコソボ紛争では、親セルビアのハッカーグループ「ブラックハンド」がNATO軍のシステムを攻撃したと言われている。ユーゴ軍を直接支援し、NATOの軍事作戦を混乱させるのが目的だったとされる。

事実とすれば、民間人による軍への直接的サイバー攻撃の最初の事例と思われる。国民が自らの意思で勝手に戦争に参加する——。これはおそらくサイバー戦の時代の大きな特徴になる。この点については後で改めて述べる。

③イスラエル軍のシリア空爆にともなうサイバー攻撃（二〇〇七年）

二〇〇七年九月六日。シリアのある施設を敵対する隣国イスラエルの空軍機が攻撃し破壊した。この事件は当初、シリア、イスラエル両政府から一切発表がなく、いったい何が起こったのかとあれこれ憶測を呼んだ。その後、攻撃を受けたのはシリアが北朝鮮の支援を受けて密かに開発していた核関連施設だったとする評価が定まった。これはそれ自体大きな問題だったが、世界はむしろ別の点に注目した。イスラエルのサイバー攻撃である。

イスラエルの空軍機は攻撃の際、シリアが配備していたロシア製の防空システムに探知されなかった。堂々とシリアの領空に侵入し、ミッションを遂行した。攻撃に使われたのはＦ‐15とＦ‐16。レーダーに探知されにくいステルス機ではない。そこでイスラエル軍は、サイバー攻撃によって防空システムを無力化したのではないかとされた。

噂されている攻撃要領の可能性は三つある。

一つは通信データの改竄である。先のコソボ紛争の米軍のケースのように、レーダーと対空戦闘指揮所の間の通信回線に割り込んで、流れるデータを改竄した。

二つ目はコンピュータの画面表示プログラムを別の細工した物にすり替え、対空目標を表示しないようにした。これをやるにはすり替えのための要員を送り込む必要があるが、世界に冠たるイスラエルの諜報機関をもってすれば、できないことはないだろう。

そして三つ目は、防空システムにマルウェアを注入する方法だ。レーダーには戦闘機が敵か味方か識別するためのＩＦＦ（Identification Friend or Foe）という敵味方識別装置が付いている。戦闘機はＩＦＦから問い合わせ信号を受けると、トランスポンダーという装置で機の情報を暗号化して送り返す。それをＩＦＦが受けて、コンピュータで処理し、敵か味方か判別のうえ、表示する。

そこで応答信号を処理するこのプログラムに「バッファーオーバーフロー攻撃」を仕掛ける。プログラムは、確保したメモリ領域（バッファ）を超えてデータが入力されると、領域が壊れてしまい（オーバーフロー）、予期しない動作を起こす。これにより適切に保護されていないシステムを機能停止に追い込んだり、乗っ取ることができる。そうすれば、レーダーから機影を消すことも可能だ。

いずれも「そんなことがほんとうにできるのか？」と思われるかもしれないが、まさにそんなことをやってしまうのがサイバー攻撃を仕掛ける技術者たちだ。誰も予想しない想定外の手法で行なわれる攻撃こそが、サイバー戦の特性であり、恐さである。

スタクスネット——史上初のサイバー兵器

米国は、二〇一一年七月に発表した「サイバー戦略」のなかで、破滅的なダメージを企図した敵の攻撃に対してはマルウェアなどを使った「サイバー兵器」で粉砕するとした。果たして、そのようなサイバー兵器というものはあり得るのだろうか。

実は、その答えになりそうな事例が二〇一〇年九月にイランの核施設で起きた。世界を震撼《しんかん》させた「スタクスネット（stuxnet）事件」である。

ドイツの電機大手シーメンス社が開発した、産業機械の制御ソフトウェアに「ステップ7」というものがある。ポンプや弁、発電機などの制御が必要となる発電所や水処理施設や石油パイプラインなどをはじめとして世界中で使われており、イラン中部のナタンズにある核施設にも入っていた。スタクスネットは、このステップ7を標的にしたマルウェアで、ウィンドウズＯＳの脆弱性を突いてプログラムを乗っ取ると、ウランを精製する遠心分離機の回転数を操作した。

スタクスネットには脆弱性を狙ったゼロディ攻撃が少なくとも五つ用意されていた。ちなみにスタクスネットと命名したのは、このマルウェアが狙ったウィンドウズＯＳの脆弱性を特定したマイクロソフト社である。

多くの産業制御システムは、インターネットには接続されていないクローズド（閉じられた）システムになっている。イランの核施設も無論クローズドのシステムだった。それでもマルウェアの侵入を許した。スタクスネットに感染したＵＳＢメモリを誰かが知らずに（あるいは意図的に）持ち込んだものと考えられている。クローズドのネットワークは安全という神話があるが、それが大間違いであることはこの事件が雄弁に語っている。

スタクスネットは、ウランの精製率を下げて、原爆を製造しても不発弾にしてしまうことを目的としていたと考えられている。この事件が明らかにされたとき、世界は衝撃を受け、メディアには「サイバー兵器」という言葉が躍《おど》った。なかには「標的限定型サイバー兵器」という表現も見られた。それほどスタクスネットの登場は世界を驚愕《きょうがく》させた。

これだけの大仕事は個人や民間の組織レベルでは無理である。ウィンドウズOSのゼロディ攻撃を五つも用意するなど絶対に不可能で、国家の関与が濃厚である。この点に関して米国のニューヨーク・タイムズ紙は、イランの核開発を阻止するために米国とイスラエルが共同で仕掛けた一大軍事作戦だったと報じている。その可能性は十分にある。

この事件の評価は、一般には成功とされているが、筆者は疑問を持っている。

極秘の作戦であれば、ことは秘密裏《り》に完遂されてこそ意味を持つ。これだけ白日のもとにさらされてしまったら、イランはもはや精製に失敗したウランを使ってはくれないし、二度と同じ手は通用しなくなる。多大な経費と時間の損害は与えたけれど、不良品の原爆を作らせることには失敗した。その意味では、作戦としては成功とは言い難いように思う。

極秘作戦が露見してしまった理由は、スタクスネットを確実に遠心分離機の制御プログラムに感染させるためにゼロディ攻撃をいくつも用意するなど、感染のための機能をあれこれつけすぎたのだ。それが裏目に出た。スタクスネットは最終的には一〇万台以上のコンピュータに感染し、標的としたイランの核施設以外にも広がった。それで大騒ぎとなり、存在が明るみに出てしまったのだと思う。

物理的な爆弾なら、実際に爆発させれば、その効果が確かめられる。いざというとき不発に終わるリスクはかなりの確率で阻止できる。しかしサイバー攻撃はそうはいかない。

詳しくは後で述べるが、たとえばマルウェアは一度使えば、その性質が徹底的に解析され、対策を立てられてしまう。二度目はない。このため、その存在は完全に秘匿《ひとく》される必要があり、試作品のテストも、敵にその存在の糸口を与える可能性があるので実施は極めて難しい。そこでぶっつけ本番となるのが普通で、効果のほどはやってみないとわからないのが実情だ。事前の効果予測ができないのである。

これはサイバー攻撃の大きな弱点であり、だからこそイランの核施設を狙った攻撃者たちは、より高い成功確率を求めてスタクスネットにサイバー技術の限りを尽くして極めて高度な細工をいくつも施した。それが裏目に出たとしたら、皮肉な話である。

ともあれ、スタクスネットの登場は、国家の中枢を担う重要インフラのシステムを確かに破壊できるマルウェアが存在することを世界に知らしめた。

サイバー空間が第5の戦場と呼ばれる軍事領域になったいま、この種の強力な破壊力を持つマルウェアは、今後、続々と生み出される可能性が高い。

それらが日本の中枢システムを襲ってきたら、この国はどうなるのだろう——？

いや、そのような考えはもはや甘いかもしれない。すでにその脅威は、スリーパー・セル（市民に紛れて潜伏しているテロリスト）のようにこの国のどこかでじっと息を潜め、静かにそのときを待っているかもしれないのだから。

第2章 戦争の歴史を塗り替えるサイバー戦

——軍事的観点から見た特徴とは

(1) サイバー戦とは何か——その定義と分類、機能

平時にまで地平を延ばすサイバー戦争

情報技術の飛躍的な進展により現代的な軍隊ではコンピュータやネットワークの利用が当たり前になってきた。指揮統制から各種の兵器システム、個々の兵士の装備品に至るまでサイバー技術を使うことで、軍隊はこれまでよりはるかに早く「知り・伝え・決断して・行動する」ことができるようになった。米国のNCW (Network Centric Warfare／ネットワーク中心の戦い) への言及などどこの傾向を積極的に軍の改革に取り入れる動きも各国で見られる。

しかしそれは一方で、従来の戦闘遂行システムになかった新たな弱点を抱えることにもなった。一般社会でサイバー攻撃による被害が発生していることを見てもわかるように、軍隊が依存している各種システムそれ自体が、敵の攻撃目標となり得るからだ。

サイバー攻撃によるこのような各種システムをめぐる攻防を一般に「サイバー戦」というが、実は正確な定義として確立したものではなく、研究は始まったばかりである。

そこで筆者は、戦闘行為の有無に注目し、以下のような定義を提案している。

①狭い定義／戦争行為の一部としてのサイバー戦

ハッキングなどの侵入・攻撃手法やマルウェアなどを利用し、戦争を有利に遂行するために行なわれるサイバー空間での戦い。サイバー上の攻撃とそれに対する防御並びにそれらに関連する情報活動を含む。戦時において戦争行為の一部として行なわれる。化学戦や電子戦のような戦争における特殊な戦闘要領の一つ。

②広い定義／戦闘行為をともなわないサイバー戦

明示的な武力攻撃をともなわず、サイバー技術を利用して対象国に何かしらの被害を与える行為。また自国に利益を与えるネットワーク上の活動。主に平時における情報収集やスパイ活動をさす。ゴーストネット（第1章参照）のように他の国や国に準じる組織に対する諜報活動や防衛産業へのサイバースパイなどがこれに当たる。

サイバー戦を戦時における特殊な戦闘要領の一つとして限定的に捉えるか、より広く平時にまで地平を延ばし展開されるサイバー空間上の新たな戦闘要領として見るか――。

二つの定義の違いはそこにある。昨今世界で相次ぐサイバースパイ事件などを見れば、それはまさに「見えない戦争」と呼ぶにふさわしく、その意味では後者のより広い解釈のほうが今日繰り広げられているサイバー攻撃の実態に即しているように思う。

サイバー戦における戦略と戦術の違い

サイバー戦はそのレベルにおいて「戦略的サイバー戦」と「戦術的サイバー戦」に区分できる。前者は敵国の社会インフラを支えるネットワークシステムに対する攻撃、後者は軍隊の各種ネットワークシステムに対する攻撃である。

①戦略的サイバー戦

サイバー攻撃の矛先《ほこさき》を相手国の重要インフラに向け、それを支えるネットワークの混乱や破壊を狙うことをいう。具体的な標的としては、電力、通信、交通・物流、金融・証券取引、航空管制、原子力発電所などが考えられる。攻撃範囲は相手国の全域である。

米国は第二次世界大戦においてＢ29爆撃機を用いて日本の都市に対する戦略爆撃を行ない、戦争遂行に不可欠な社会基盤などを破壊しようとした。同様の軍事的効果をサイバー空間で実現しようとするのが戦略的サイバー戦である。

戦争ではなかったが、実際、エストニアではサイバー攻撃により一国の機能が一週間にわたりストップした。詳しくは第3章で述べるが、この事件は世界に衝撃を与え、戦略的なサイバー攻撃の事例研究として各国が調査を行なっている。

戦略的サイバー戦は、従来の戦略爆撃とはおそらく効果の現われ方に違いがある。戦略爆撃は時間の経過とともにボディブローのように相手国にダメージを与えるが、戦略的サイバー戦は時間の経過とともに効果が薄れていくと思われる。戦略爆撃では標的となる軍需工場などを疎開させたりすることで、最初のうちは、ある程度、被害を抑えることができる。しかし、爆撃が継続されるとそれも困難になり、次第に疲弊《ひへい》していく。

一方、戦略的サイバー戦は、おそらく最初に甚大な効果が出る。ネットワークへの依存度が高ければ高いほど、その効果は期待できる。ただし、サイバー攻撃の特性で、一度使った攻撃手法は二度目は通じない可能性が高い。たとえば、敵のシステムにマルウェアを放ったとしても、相手はすぐに発見、解析してワクチンプログラムを作ったり、ネットワークの脆弱性を修正するなどして防御を確立するからだ。このため最初は大きな衝撃を与えるが、その後はだんだん尻すぼみの傾向を辿るのではないかと思われる。

なお、重要インフラへの戦略的サイバー戦は、戦争法規の趣旨に照らせば、違法の可能性があるが、国際ルールのあり方については第4章で述べる。

②戦術的サイバー戦

敵の軍隊の利用する指揮統制システムや兵站《へいたん》・輸送システム、武器システムなどをサイバー技術を使って攻撃することをいう。現代的な軍隊はコンピュータやネットワークへの依存度が高く、それが逆に大きな弱点になっている。そこに的を絞って攻撃する。

システムの使用を阻害・破壊、または逆用するのが狙いであり、主な攻撃要領としては敵のシステムにウイルスを感染させてシステムを使用不可能にしたり、システムのデータやプログラムを書き換えて正常な動作を阻害するなどが考えられる。

サイバー戦の三つの機能――情報収集、攻撃、防御

サイバー戦をその機能で区分すれば、一般の戦闘と同じように「情報収集」「攻撃」「防御」の三つに分けて考えることができる。

以下、これらの機能について説明する。

①情報収集

情報収集とはサイバー空間上で各種の情報を集めることで、「情報・諜報活動の一環としての情報収集」と「サイバー攻撃のための情報収集」の二つに区分できる。

前者の情報・諜報活動では、

・部隊名、パスワード、命令、報告など主にメールの形式で送られる情報

・作戦・情報・兵站・人事システムなどの上を流れる各種戦術データなどが収集すべき主な情報になる。

こうした情報収集を行なうには、物理的には電波傍受《ぼうじゅ》や有線タッピング（wiretapping／通信線に傍受装置を接続して行なう傍受）によるシステムへの接続、ソフト的にはスニッファー（Sniffer）などの盗聴ツールが利用される。なお、電波傍受そのものはサイバー戦とは言わず、「電子戦」の領域だが、将来的には統合される可能性がある。この点については後述する。

後者のサイバー攻撃のための情報収集では、サイバー攻撃に必要な各種技術データを入手する。具体的には敵の使用しているシステムに関する技術情報として、

・使用ＯＳの種類、バージョン
・使用しているソフトウェアの種類、バージョン
・通信プロトコル
・暗号化の方式
・使用機材の詳細

などを収集することになる。

たとえば、防空レーダーへの攻撃一つとっても、そもそもどんなＯＳを使っているかわからないと作戦の立てようがない。だから事前の情報収集が大事になる。いまや世界で日常化しているサイバー攻撃のなかにはそうしたミッションを含むものがかなりあるはずだ。

情報収集要領の一つにインターネットの特質を利用するものがある。たとえば、インターネット上では相手のシステムに正当でない要求を投げた場合、設定が適切でないと、自動的に返事を返すようになっている場合があり、その応答内容から対象システムなどに関する技術的な情報を得ることができる。

敵のシステムに関する技術情報がわかれば、既知の脆弱性データベースを参照し、すでに明らかになっている数々のシステム上の問題点についての情報を入手し、分析を行ない、必要があれば専用の攻撃用ソフトウェアを作成するなどして攻撃の準備をする。

なお戦時であれば、直接、部隊を送り込んで機材を鹵獲《ろかく》（奪い取ること）したり、拉致《らち》や自白の強要によりＩＤやパスワードなどの情報を入手する可能性がある。

②攻撃

攻撃準備が整い、情報収集の継続より攻撃を開始したほうがより価値が高いと判断された場合はサイバー戦に突入する。サイバー攻撃の目的は戦争・戦闘を我に有利にすることである。そのために目的に応じた最適の手段が選定されることになる。

基本的な目的は敵のシステムをダウンさせることや正常な動作の妨害であり、究極の目的はこちらの意図する処理を敵のシステムに実行させることである。

そのための手段は、攻撃の主体という点から分ければ、二つある。一つはウイルス、ワームなどのマルウェアを利用した「自動化された攻撃」であり、もう一つはハッキングのような「人間が行なう攻撃」である。これらはしばしば併用されることであろう。

自動化された攻撃には、

・ワーム、ウイルスによるシステムの破壊
・DoS攻撃（システムに対する飽和攻撃）
・大量のスパムメールの送り付け（業務妨害）

などがあげられる。軍事目的で作られたマルウェアは「ミリウェア」と呼ばれている。

自動化された攻撃には利点と欠点がある。時限爆弾やサイバー地雷として攻撃前から仕掛けておいて、あるタイミングで起動することで同時に膨大な数の攻撃を実施できる反面、柔軟性がなくその時点で確実な動作をするか保証されていない。

また人間が行なう攻撃としては、

・間違った命令・戦術情報資料の挿入・入れ替え
・各種データの書き換え・誤動作の誘発
・見積もりプログラムの乗っ取り
・アプリケーションプログラムのすり替え
・バックドアの設置および侵入痕跡《こんせき》の除去

などがある。これらはハッキングにより相手システムに侵入した後に行なうことになる。

ここに紹介した攻撃手法は、一部の例外はあるが、基本的に民間では非合法のものばかりである。このため攻撃的なサイバー戦を行なうには民間の技術は当てにできない。軍事的にサイバー戦を遂行するには日頃からの情報収集と研究が必要不可欠である。

③防御

サイバー戦における防御（防御的サイバー戦）は、一般に民間でも使われている自動侵入検知システム（ＩＤＳ／Intrusion Detection System）やファイヤーウォールなどの基本的な技術のほかに、より高度で特殊な技術も利用される。

具体的には、

・物理的な攻撃にも備えたバックアップや無停止システム
・独自の通信プロトコルやデータ形式
・高度な暗号技術の多用

などで、これらは民間の防御と大きく異なる点と言える。

サイバー上の防御に関する基本的な実施要領は次のようになる。すなわち、

・攻撃に対する予防
・攻撃の探知
・攻撃の阻止
・被害システムの復旧

・反撃

である。

予防とは、技術的にシステムの脆弱性をなくし、人的要因も含めた組織全体を常に健全な状態に保つことである。そのための手段として、システム監査による問題点の発見や保全規則の確立と徹底、要員に対する訓練および精神教育などが行なわれる。

次に探知であるが、一般にはＩＤＳなどの探知用の専用機材をシステムに組み入れ、不審なパケットの出入りを常時、監視する。これらの探知用の機材は、いろいろなシステム上で怪しい兆候を収集、分析、統合し、異常を発見するとただちに監視員に警告を発する。

こうした自動化された防護システムの活用は、防御的サイバー戦では必要不可欠だが、敵は誰も予想しないようなとんでもない方法で攻撃を仕掛けてくる可能性があるため、画一的で教条的な仕組みしかない自動侵入検知システムだけでは自《おの》ずと攻撃探知には限界があると考えるべきである。そこで、どんな些細《ささい》な兆候にも即応できるよう、日頃から要員を訓練しておくことが極めて大事になる。

攻撃の阻止では、簡単にはシステムが停止しない堅固な仕組みが必要である。具体的には、

・攻撃を受け感染したシステム部分を他から分離して全体システムを安全に保つ仕組み

・システム全体の運営を維持するための迂回《うかい》システムの構築

などが必要になる。広義の防御の範疇《はんちゅう》としては、バックアップシステムや無停電システムの導入なども含まれる。

被害システムの復旧は、通常、バックアップから行なう。バックアップはネットワーク上に分散してデータを保存し、敵からの多様な攻撃に備えるという発想が必要である。民間のようにデータのバックアップを一カ所に集中するのは極めて危険である。またバックアップ用のハードディスクがメインシステムと同じ場所にあるなど論外である。

反撃は、防御の範疇ではないかもしれない。しかし可能であれば、攻撃元を突き止め、反撃に出る姿勢は必要だろう。無論、技術的には困難だし、現行の日本の法律では実施できないが、そうした技術の開発保持や、そのための法律整備は喫緊の課題であろう。

（２）サイバー戦と電子戦――情報そのものを武器として戦う時代

「情報戦」とは何か

これからの戦争は物理的な力そのものより、むしろそれをいつ、どこで、いかに使うかという面が重要になる。敵に勝る速さで意思決定を行ない、敵に先んじて部隊を移動させ、敵の意表を突いて対応するいとまを与えない――。それが新しい戦闘要領になる。

そこでこれまで以上に重視されるのが「情報」である。いまや情報は、戦闘の手段ではなく、それ自体が武器である。

では、情報の戦いとは何だろう。一つには敵に勝る情報を持つこと。次にこちらの情報を敵に渡さないこと。あるいは、さらに進んで誤った情報を渡したり、間違った判断をさせたりして戦闘全般を有利に運ぶ戦いと言ってもいいかもしれない。

このような戦い方をするために技術や運用も大きく変化してきた。逆に言えば、一昔前まではやりたくてもできなかったことを技術の進歩が可能ならしめたがゆえに、これまで以上に情報戦というものに注目が集まり、その比重が高まったとも言える。ここでいう技術の発達が、インターネットに代表される情報技術にあることは言うまでもない。

一〇年ほど前に米国空軍がまとめた情報戦の概念では、その機能としてサイバー戦、電子戦、心理戦、宣伝活動、謀略活動などが含まれる。なかでもその中核的機能を担うのがサイバー戦と電子戦である。電子戦(electric warfare)とは、一般的にはレーダーや無線通信など電磁波を用いた技術やそれに関わる兵器などを利用した戦いを言う。

まず、サイバー戦の特徴を通常の戦闘との比較で整理し、そのうえで将来も含めた電子戦との関係を考えてみることにしよう。

サイバー戦の四大特徴

一般にサイバー戦には、通常の戦闘との比較において、以下の四つの特徴がある(97ページ表参照)。

サイバー戦と通常の戦闘との比較

戦闘形態	利点	欠点
機動打撃戦 （戦車）	・直接的破壊 ・戦闘結果の確認	・自分の損害 ・遠方の敵には無力
火力戦 （大砲）	・遠方から攻撃可能 （制限あり） ・直接的破壊	・目標情報が必要 ・撃破の程度が不明
電子戦 （通信妨害）	・遠方から攻撃可能 ・弾薬不要	・一過性 ・目標情報が必要
サイバー戦	・低コスト ・秘匿性	・同じ手が二度通用しない ・事前の効果予測が困難

サイバー戦における攻撃側の最も有利な点は、相手が攻撃されていても気づきにくい（通常のシステム故障などと区別がつきにくい）こと、そして、攻撃者の正体が分かりにくいことである。

また、ミサイルや戦闘機などの開発にくらべて費用もかからず、優秀な人材が少数いれば敵に大きなダメージを与える攻撃が可能である。

①秘匿性と柔軟性

サイバー戦の大きな特徴は、コンピュータやネットワークに何か問題が発生しても、それが故障なのか、それとも実際に攻撃されているのか、判然としない点にある。これを秘匿性という。攻撃者はこの特徴を最大限に生かして、故障か攻撃か見分けがつかないような攻撃を仕掛けてくる可能性が高い。

また、攻撃されていることがわかったとしても、それがどこから、誰によって行なわれているのか、極めてわかりにくい。敵が見えないのだ。

このため攻撃者は、

・攻撃する時期を自由に選べる
・発見されるまで長期にわたり継続的に攻撃できる
・短時間攻撃した後、ただちに自分の痕跡を消すことができる
・目標をピンポイントで狙い打つことも広域に大きな混乱を引き起こすこともできる

など攻撃に関して極めて高い柔軟性を手にする可能性を持つ。旧来のレガシーな戦い方に比べて攻撃要領の自由度は極めて高く、敵を柔軟に攻撃できる。

②高い費用対効果

一人の天才ハッカーは一〇〇人の凡人オペレータを出し抜くことができるという。

これまで核兵器にしろ化学兵器にしろ、その製造には莫大な費用を必要とした。しかしサイバー戦では、優れた知性と創造性をもったハッカーさえいれば、敵の中枢システムに攻撃を仕掛け、甚大なダメージを与えることができる。費用対効果は抜群であり、彼らが生み出す攻撃方法は凡人が平時に構築した防御を出し抜ける可能性が高い。

ウェズリー・クラーク（元ＮＡＴＯ軍最高司令官）とピーター・レビン（ＤＡＦＣＡ社最高技術責任者）は、この点について端的にこう述べている。

「サイバー攻撃を実行するのに必要なコストは、それが引き起こす経済的・物理的なダメージに比べれば非常に小さくて済む。計画、実行のコストが非常に小さくて済み、しかも実行者に物理的危険が直接的におよばないため、サイバー攻撃は勢力の大小を問わず相手を攻撃する上で魅力的な選択肢だ」（「サイバー攻撃に対する防衛力を」Foreign affairs report.2010.2）

優秀なハッカーは日頃から選抜して育成することが可能であるため、兵器技術の遅れた国であってもサイバー戦への取り組みは比較的容易である。前にも述べたようにサイバー空間の攻防では国のネットワーク化の進展具合や主要インフラのネットワーク依存度などが雌雄《しゆう》を決する重要なファクターになる。大国はネットワークへの過度の依存により、思わぬ弱点を抱えている。これからは技術的にも経済的にも大国に太刀《たち》打ちできなかった小国が思いもかけない力を持つことになるかもしれない。

③一過性と不完全性

サイバー戦には前述①、②で見たような利点がある一方で、欠点もある。たとえば、あるウイルスを撒いても、相手がそれに対応できるワクチンソフトを作れば、そのウイルスを使った攻撃は二度と通用しない可能性が高い。その性質が徹底的に解析され、対策を立てられてしまうからだ。このためせっかく作成したウイルスも一時的なものになりやすい。

また、一度使えば、二度は使えない性質上、その存在は使用直前まで隠しておく必要がある。さらに言えば、ウイルスの試作品を事前に試してみることも、敵にその存在の糸口を与える可能性があるので難しい。このため事前のテストなしにぶっつけ本番でそのウイルスを使用せざるを得ず、この場合は準備したウイルスがほんとうに敵のシステムに対して効果があるかどうかは、やってみないとわからないということになる。

これは兵器として考えた場合、致命的である。事前の効果予測ができなければ、信頼性は到底担保できない。そんないい加減な兵器に部下の命は託せない。

だからこそ前述のスタクスネットは、標的への確実な侵入を図るためにゼロディ攻撃を五つも仕掛けるなど何重もの保険をかけた。結果的にはそれが裏目に出て露見したわけだが、それもこれも事前の効果予測ができなかったからだ。

サイバー戦にはこのように一過性と不完全性という大きな弱点がある。これが解消されないかぎり、サイバー戦が主たる攻撃要領になることはないだろう。

④非対称性

サイバー戦においては、攻撃者はその身元を隠すことができるが、標的とされる側はそれができない。ボットネットで他人のパソコンを何万台、何十万台と乗っ取り、踏み台にすれば、ほんとうの攻撃者はまずわからない。日本や米国、韓国などがサイバー攻撃を受けると、発信元としてよく中国の名前があがるが、確証はない。

ありえるパターンとしては、

・ほんとうに中国がやっている（その場合は身元が隠せないくらいサイバー戦能力が低いということになる）

・サイバー戦に長《た》けたどこかの国が中国になりすましてやっている

・中国もやっているが、別の国も中国を利用してやっている

などが考えられる。いずれにしろ犯人探しは極めて困難である。

攻撃者が不明であれば、当然、反撃することは不可能だ。このためサイバー戦では攻撃者が絶対的に有利であり、ターゲットにされた側は常に反撃が困難な戦いを強いられる。

このように攻撃が一方的に行なわれる戦いを「非対称な戦い」というが、サイバー戦ではそれが常態となるだろう。これは歴史上、おそらく初めてのことだ。似たような非対称な戦い方にゲリラ戦やテロがあるが、サイバー戦は究極の非対称戦と言える。

二十一世紀は「サイバー戦」と「電子戦」が融合する

次にサイバー戦と電子戦との関係を見てみよう。

サイバー戦の大きな機能である敵の行なう通信に何かしらの妨害や被害を与える攻撃というのは、そもそも電子戦の機能として以前から存在していたものだ。

たとえば、第二次大戦のミッドウェー海戦では有名なこんな話がある。

米軍は日本軍の通信を傍受し、攻撃が近いことを知った。だが攻撃場所を示すとみられる暗号が解けず、その場所がわからない。そこで攻撃の可能性が高いとされていたミッドウェー島について「飲料水が不足している」とわざと平文（暗号化されていない）の電報を打った。それからしばらくして米軍は「○○は水不足の問題あり」という日本軍の暗号電報を傍受した。「○○」はそれまで解けなかった攻撃場所を示すとみられた暗号と同じだった。これで米軍は日本が攻撃するのは「○○＝ミッドウェー」と確定した——。

この手の事例は戦史を紐解《ひも》けば、枚挙にいとまがない。

むしろ注目すべきは新しい攻撃手法としてのＥＭＰ（Electromagnetic Pulse／電磁パルス）である。高高度（20～40キロメートル）で核爆発を起こし、落雷の何万倍という強力な電磁パルスを発生させて攻撃手段として利用するものである。強力な電磁パルスにより電子機器などの半導体や回路を損傷させたり、誤動作を発生させたりする。

人体や生物への影響はないとされるが、詳細は不明である。北朝鮮が核を持った場合、このＥＭＰに使う可能性があると筆者は見ている。

こうした電子戦の脅威については軍関係者の間では広く知られ、先進各国がそのために電子戦部隊の編成を行ない訓練を実施していることは周知の事実である。そしていままでは、サイバー戦もその戦力化に向けて各国が精力的に取り組んでいるとみられている。

サイバー戦と電子戦は同様の機能を持つが、厳密には次のような違いがある。

・電子戦＝無線電波の傍受や妨害などの物理的な実体を主な対象としている戦闘
・サイバー戦＝物理的なハード上で動いているソフトウェアを主な対象とする戦闘

しかし、敵の指揮統制機能を妨害、混乱させようという意図は共通のものであるとするなら、この二つを連接し、有機的に運用するという考えもあってよいのではないか。

実はいまから二〇年ほど前、インターネットが広く普及する前のことであったが、筆者はそのような提案をしたことがある。まあ、ご想像のとおり、自衛隊内でことさら注目を浴びることはなかった。だが、いまや中国人民解放軍ではそのような認識に立っており、これらをあわせて「電網一体戦（Integrated Network Electric Warfare）」と称して部隊の育成を図っていると聞く。そこでは敵の指揮統制活動を攻撃するために、それぞれの場面において最適の要領――すなわちレガシーな電子戦攻撃とサイバー戦による攻撃――が有機的に実施されることになるという。

情報戦の重視とともに、今後、各国軍の装備や指揮統制システムが情報技術への依存度を増せば、逆にその脆弱性も膨らんでいく。サイバー戦や電子戦の果たす役割はますます大きなものになるのは間違いない。

二十一世紀の情報戦は、おそらくサイバー戦と電子戦の融合になるだろう。我が国もこうした新しい戦闘要領やその概念に注目し、研究をさらに図っていくべきである。

個人が勝手に戦争参加する時代がやってきた

戦争の歴史を振り返ると、古代から近代にかけて、戦争は軍人が行なうものであり、民衆は巻き込まれることがあったとしても基本的にその外側にいた。

軍隊の主体は傭兵《ようへい》や封建諸侯の所領から徴発された私兵であり、日本でも武士が戦っているとき、お百姓は関係ないから、山の上で弁当を広げて、それを食べながら見ていた。庶民はほとんど戦争とは関係がなかったのだ。

それが近代になり、ナポレオンの時代に大変革が起こった。愛国心に燃える人びとに、「フランスが危ない、革命を守れ」と言うと、一般の人びとが自分の意思でどんどん軍隊に参加するようになった。近代国民国家の形成とともに国家への強い帰属意識を持った市民が生まれ、国民軍を形成するようになったのだ。

それまで国民は自分の意思で軍隊に入ることはなかった。

たとえば、英国では強制徴募があって、酒場で騒いで飲んだくれていると、軍隊の人がいきなり来て、「お前!」と言われて、連れ出され、ふと目を覚ますと船の上だった。「おい、ひどいじゃないか! 帰してくれ!」と言うと、「三年間水兵になります」という書類にサインがしてあった――。英軍水兵の強制徴募はそんなやり方だった。

それが自ら志願して軍隊に入るようになった。国民戦争の時代の到来である。これを産業革命が支えた。社会が富み、分業化が進み、武器が大量生産できるようになった。その結果、常備軍と軍隊の巨大化が進んだ。

そして次にやってきたのは、第二次大戦以降の国家総力戦の時代である。戦争に勝利するため敵国の経済能力を徹底的に叩く戦いとなり、国民は戦略爆撃などで否応なく戦争に巻き込まれるようになった。

こうして国民が戦争に関わる度合いは増してきた。

では、新たに到来したサイバー戦の時代はどうだろう。国民は戦争とどう向き合い、どう関わるようになるのだろう。

その答えを示唆する一つの事例がロシアにある。

詳しくは第3章で述べるが、ロシアは二〇〇八年八月、グルジアへ軍事侵攻した。その際、ロシアの愛国青年たちは軍をサポートするためグルジアの政府や軍関係などをサイバー攻撃した。彼らは自らを「サイバーパルチザン」「オンラインパルチザン」と称した。

これは軍の要請ではなく、彼らが自らの意思で行なったものだった。

サイバー戦の時代は、誰もが自分の意思で勝手に戦争に参加できる――。

おそらくそうなる。十分なサイバースキルがあれば、個人であっても国家に戦いを挑める時代がやってきたのだ。このため、いつか日本がどこかの国と衝突し、戦争が始まれば、その国の愛国青年たちが「愛国無罪」などと言って一斉に日本の中枢インフラなどにサイバー攻撃を仕掛けてくるかもしれない。いや、きっとそうなるだろう。

しかし、こうした民間人の行動に対する戦争法規は何も規定されていない。サイバー戦はこれまでの人類の戦いの様相、概念を一変させるものなのだ。

第3章　世界各国のサイバー戦事情

日本を含めて世界各国の政府機関や軍隊などの重要インフラや情報通信ネットワークへのサイバー攻撃が多発している。これは国家の安全保障に関わる重大な問題であり、到底、看過できるものではない。サイバー戦に関する情報は報道されることが少なく、またされたとしても、その真偽の疑わしいものが多い。本章では限られた一般情報資料などをもとに諸外国のサイバー戦への取り組みを紹介し、分析する。

(1) 米国——最強の攻撃力と狙われる弱点

エリジブル・レシーバー——一五年前に始まったサイバー攻撃対策

米国は、国家に対するサイバー攻撃を最も真摯《しんし》に検討している国である。

序章でも述べたように、米国はいま、サイバー空間を陸、海、空、宇宙に次ぐ「第5の戦場」と位置づけ、二〇一〇年五月にはサイバー戦を統括するサイバーコマンドを設立したほか、教義（ドクトリン）の研究、装備品の開発も着々と進めている。

米国はインターネットの創始者であり、世界で最も早くネットワーク社会を体現した。またCIA（Central Intelligence Agency／中央情報局）、NSA（National Security Agency／国家安全保障局）など多くの情報機関を有し、情報・諜報の重要性を強く認識している国でもある。サイバー技術の進展を歓迎する一方で、軍や社会基盤など国家中枢のシステム化が進み、依存度を高めれば、それだけ脆弱性のリスクも増す。そのことに早くから気づき、対策を重ねてきた。その歴史を振り返りながら、米国はサイバー戦にどのように備えようとしているのか、明らかにしたい。

米国が海外からのサイバー攻撃に対して、いかに早い時期からその対策を始めていたかを示すものに「サイバー攻撃対処演習」がある。初めて実施されたのは、いまから一五年も前の一九九七年六月のことで、その演習は「エリジブル・レシーバー」（アメリカンフットボール用語で、前パスを取る権利を持っている選手をさす言葉）と呼ばれた。

これは国防総省の「緊急時の計画作成と行動実施能力」を検証するためのものであったが、この時点でサイバー攻撃対処演習が実施されたということは、実際にはもっとずっと前から「ネットワークに対して攻撃があったらどうなるのか」と強く警鐘を鳴らす人たちがいて、「実際に攻撃されたらどうなるか試してみるべきだ」と危機感をもって準備してきたに違いない。

演習要領は、NSAの専門家三五名が「レッドチーム」と呼ばれる攻撃チームを組み、特段の内部情報なしに一般のインターネットから米国の重要インフラを攻撃するというものであった。攻撃前に三カ月の偵察期間が与えられ、その間は国防総省のシステムへの不正侵入も許可されていた。

レッドチームのメンバーは国防総省への不正侵入の方法をあれこれ考えた。一番簡単な方法は誰かのIDとパスワードを入手することであり、いまほどセキュリティへの意識が高くなかった当時のことであれば、それこそデスクにそれらを書いたメモを無造作に貼りつけている人もいたかもしれない。あるいは誕生日や車の番号など身近で覚えやすい番号を使っていた人も多かったはずだ。それらを手がかりにID、パスワードを入手したり、類推したことは十分考えられる。またシステムの脆弱性を探すためにプログラムの開発者が想定しないようなデータを次々と入力し、その応答を見ることも当然やっただろう。ファジング（fuzzing）と呼ばれるもので、想定外のデータとは、非常に長い文字列や大きい値などをいう。

そうやって四万回の試験的侵入を試みたところ、本来、外部の無関係の人から来た信号だから無視しなければいけないのに四〇〇〇回はシステムがきちんと応答した。つまり、できてはいけない外部との経路、つながりができてしまった。しかも約四〇〇ものシステムの脆弱性が発見され、三六回もシステム自体に侵入することに成功したという。

国防総省のシステムだから当然、常時監視しているが、三六回の侵入のうち検知して報告があったのはたったの二回だったという。あとの三四回は、侵入されたこと自体、誰もわからなかった。

この演習結果に大きな衝撃を受けた米国は、二〇〇二年七月に「デジタル・パールハーバー演習」を実施した。海軍戦争大学主催のセミナー形式の机上演習で、このときすでに重要インフラへの攻撃を想定した研究をやっている。翌二〇〇三年十月には「ライブワイヤー演習」を実施した。これはインシデント（情報の機密性や完全性などを脅かす可能性のある事故や攻撃の総称）への対応を重点とした演習で、各省庁の担当者が危機感をもって予算要求し、人を集めて行なった。

さらに二〇〇六年二月には「サイバーストーム演習」を行なっている。これは二〇〇二年十一月に新設された国土安全保障省をはじめ、国家安全保障会議、司法省、国防総省、国務省、NSA、CIAなどの各政府機関と、英国、オーストラリア、ニュージーランド、カナダ（これらは世界的通信傍受組織「エシュロン」の参加国でもある）、並びにシマンテック、インテル、マイクロソフト、マカフィー、ベリサインなどの有力なソフトウェア会社も参加した非常に大規模なものであった。

この演習では、ウェブサイト、電子メール、チャット、SMS、電話、ファックス、無線信号など、あらゆる通信手段を使った攻撃、防御が試みられたとされている。

この演習にかかった費用は、およそ三〇〇万ドルと言われている。さらに「サイバーストーム2演習」が二〇〇八年の三月に行なわれた。これには国土安全保障省やCIAなど一八の連邦機関と四〇社以上の情報通信企業、そして英国、オーストラリア、ニュージーランド、カナダの四カ国が参加している。この演習には八二〇万ドルを超える費用をかけたとの情報もあり、米国がこの分野になみなみならぬ関心を持ち、サイバー攻撃に対する対応、対処を模索していることがうかがえる。

現在では、この対サイバー攻撃対処演習であるサイバーストーム演習を二年に一回実施し、報告することが米国議会の決議により義務化されている。

世界最強と目されるサイバーコマンド

米国はこの間、二〇〇〇年二月に「国家情報システム防衛計画」を策定し、二〇〇一年には二〇億三〇〇〇万ドルの予算を割り当て、官民共同による情報インフラ防衛のための研究開発、専門家の育成、情報基盤の安全性の確保などについての事業を開始している。

そして二〇〇二年十一月には前述の国土安全保障省を一七万人規模で新設し、テロ対策、災害対策はもとより、サイバー攻撃に対する防衛システムなどを一元的に統制する体制を整備した。いま政府のネットワークや重要インフラのサイバー防護に関しては、この国土安全保障省が責任を有しており、戦略目標の設定や全体的な統合調整を行なっている。

また同年にはサイバーセキュリティ開発法も成立させている。五年間で九億ドルの予算が計上され、米国がサイバーセキュリティに本格的に取り組む契機になった。

その後、二〇〇九年一月に発足したオバマ政権は、サイバー攻撃による脅威を国家安全保障上の重要な問題として受け止め、その対策を強化してきた。同年五月には『サイバーセキュリティ評価報告』を発表し、サイバー空間からの脅威は米国が直面する最も深刻な経済的・軍事的脅威の一つになったと指摘、その防護を重要任務と位置づけた。

この評価報告が出た同月には、NSA長官のキース・アレクサンダーが、国防小委員会への報告で「米国はその攻防のサイバー作戦を整理・再編成し、より多くの資源を投入するとともに、適切な訓練の実施が必要である」と述べ、それまでの防御主体の体制から攻撃を考えるサイバー戦部隊の構想を明らかにしている。

これは翌二〇一〇年五月のサイバーコマンドの設立へとつながる。この部隊は、それまで戦略軍隷下に置かれていた「地球規模ネットワーク作戦担当統合タスクフォース」と「ネットワーク戦担当統合機能部隊」を統合、再編したもので、メリーランド州フォートミード陸軍基地に戦略軍司令部隷下のサイバー戦統括部隊として発足した。陸、海、空、海兵隊の各サイバー部隊を指揮下に置き、同年十月から本格運用を始めている。初代司令官にはNSA長官のキース・アレクサンダーが兼務する形で就任した。

米国が開発中のサイバー兵器は一〇〇〇種類以上にのぼるという。実戦経験も豊富で、イラク軍防空システムへのサイバー攻撃（一九九〇年）やセルビア軍防空システムへのサイバー攻撃（一九九九年）のほか、イランの核施設を襲ったスタクスネット事件でもイスラエルとともにその関与が疑われている。米国が世界最強のサイバー戦部隊を保有しているのは疑いようがない。

そして二〇一一年五月には大統領府が『サイバー空間国際戦略（International Strategy for Cyberspace）』、七月には国防総省が『サイバー空間での活動に関する国防総省戦略（Department of Defense Strategy for Operating in Cyberspace）』を相次いで公表した。

米国はそれらを通じて、サイバー攻撃の度合いと被害の状況によっては、サイバー上での防御、反撃にとどまらず、ミサイルで敵の拠点を叩くなど通常戦力を使った武力による報復も辞さない方針を明確に示した。他国からのサイバー攻撃は「戦争行為」であり、それに対しては自衛権を発動、軍事力を行使して報復すると宣言したのだ。

米国の抱える強さと弱さ

米国が外国からのサイバー攻撃を「戦争行為」と断じるに至った大きな理由の一つは、イランの核施設を狙ったスタクスネットの事件を見てもわかるように、送電網に代表されるライフラインのような社会の中枢インフラへのサイバー攻撃は事実上、高度な軍事作戦であり、国家の支援がなければ到底不可能との判断があるからだ（ニューヨーク・タイムズ紙が言うように、スタクスネット事件が米国とイスラエルの合作とすれば、あのようなサイバー戦の実現可能性やその恐ろしさを他のどの国よりも知っているのは米国自身ということになる）。

こうした判断の背景には米国の抱える強さと弱さがある。数カ月前に話した米国の軍人たちはこう言った。「米国は高度にネットワーク化された社会システムを持つ国だが、その分、脆弱性のリスクも抱えている。コンピュータやネットワークに過度に頼りすぎているがゆえに、それが弱点にもなっている。しかもすべてが最高ではなく、まだまだ遅れているところもある。システムにデコボコがあるのだ」と。

たとえば、軍のシステムにしてもあまりにも巨大であるため、軍すべてにおいて一度にシステムを変えることは不可能で、どうしても最新のシステムと古いシステムが共存することになる。攻撃者から見れば、最新の強いところは避けて、古くて弱いところを攻撃すればいい。

銀行にしてもそうだ。たとえば、いまはもう誰も使っていないと思われているウィンドウズ98というＯＳがある。何世代も前のこのＯＳの脆弱性についてマイクロソフト社はもう何も担保していない。無論、ウイルス対策ソフト会社もそうだ。

だが、実際にはこのＯＳはまだ使われている。「どんなに古いＯＳのシステムだろうが、それで動くなら別にいいじゃないか。古いとバグも取れているから、かえって安定していていいだろう」などと考える人は世のなかにはたくさんいるのだ。

事実、先日、某米国系の銀行に行って、ひょいと行員の使っているパソコンのモニターを見たら、ＯＳの癖からウィンドウズ98とわかった。確認のため聞いたら、やはりそうだという。銀行のシステムはクローズドだからと安心しているのかもしれないが、ＵＳＢ経由などで簡単に侵入できることは前にも指摘したとおりだ。悪意を持って脆弱性を狙われたら、ひとたまりもないのである。

映画『ウォー・ゲーム』が教える米国の弱点

高度に発展した米国のネットワーク社会が抱える最も深刻な弱点の一つは電力網である。

三〇年近く前になるが、『ウォー・ゲーム』（一九八三年米国、ジョン・バダム監督）という映画があった。コンピュータに精通した少年が、たまたま北米航空宇宙防衛司令部（NORAD《ノーラッド》）の核戦略プログラムにアクセスしてしまい、世界が核戦争の危機に陥るというサイバー・クライシスものの元祖だ。劇中、主人公の少年がゲーム会社のネットワークへ侵入するため非公開のダイヤルアップ用回線を探して無差別に電話をかけつづけるというシーンがある。

ダイヤルアップとは接続先電話番号（アクセスポイント）にダイヤルし、電話回線経由でネットワークに入る接続方式で、ある程度の知識があれば、電話機からネットワークに不正侵入することができる。その昔、筆者も実際に試したことがある。

世界に先駆けて社会インフラのシステム化を進めた米国は、電話網を使ったこの接続方式のシステムがかなり残っている。日本の電力網は米国よりも後に整備されているので、電話網ではなく専用のネットワーク回線を持っている。各電力会社が自前の回線を持っていて自前でコントロールしている。

米国はそうではない。小さい電力会社が数多くあって、古い電話網だったり、新しい専用回線だったりいろいろなのだ。「きちんと動いているなら、何もお金をかけて専用の回線にすることはないではないか」というわけだ。

しかし、これでは『ウォー・ゲーム』の主人公のように、その気になれば誰でも電話機からネットワークに入れてしまう。システムに侵入できれば、制御プログラムを不正操作して発電機を破壊することもできる。それが可能であることは、二〇〇七年三月、米国のアイダホ国立研究所の実験によって確認されている。

電力を失えば、中枢インフラや都市機能はたちまち麻痺する。どれだけ巨大な軍事力があってもその力は激減する。米国の電力網は安全保障上、大変な脆弱性を抱えているのである。だからこそ米国は中枢インフラ、とりわけ電力網へのサイバー攻撃に非常に神経をとがらせ、「やったらミサイルで報復するぞ」と宣言した。電力網の弱さを深く、強く自覚しているのである。

サイバー戦は非対称であり、敵を特定するのが困難である。また何をして攻撃とするかの認定も難しい。たとえば、DDoS攻撃のパケットは、もともと正しいものと不正なものとの区別が困難だ。このため米ソ冷戦期の核をめぐる抑止モデルは適用が難しい。

いまやサイバー犯罪は成長産業であり、闇のマーケットまで存在する。その気になれば、テロ集団などがそこでサイバー攻撃用のツールを手に入れることも可能である。「やったらやり返す」の従来モデルの抑止論は、自爆テロも厭《いと》わない相手には意味がない。

そこで米国は、「サイバー攻撃を仕掛けてきたら、武力で報復するぞ」と脅しをかける一方で、攻撃者に対して「サイバー攻撃しても、お前の目的は達成できない。やるだけ無駄」と攻撃を思いとどまらせるような抑止の機能を強化しようとしている。

これに関して、たとえば、ウィリアム・リン前米国防副長官は、「先端型のサイバーディフェンスを、われわれの重要インフラに適用することが、サイバー戦略の最も重要な目的の一つ」として、次のように述べている。

「力強いサイバー防衛能力を整備していく目的は、敵対勢力の意図そのものを変化させることにある。反撃を成功させる能力を強化し、攻撃を受けてもそれを最小限に押さえ込む能力を整備するとともに、即座に相手が誰であるかを突き止められるようにすれば、われわれは潜在的な攻撃者の意図を変えることができる」（「高度化する脅威と進化するサイバー戦略」Foreign affairs report.2011.11）

ただし、このような抑止論が成立するには、リン前米国防副長官も指摘しているように、反撃能力や防御能力、何より攻撃者を特定するサイバー技術の確立は不可欠だろう。課題は多い。

（２）中国――圧倒的な数にものを言わせた「電網一体戦」計画

タブーなき戦い――『超限戦』の衝撃

一九九九年に中国人民解放軍の二人の空軍大佐が著した『超限戦』（喬良、王湘穂著／坂井臣之助監修／劉琦訳／共同通信社／二〇〇一年）という研究書がある。

超限戦とは、限りを超えた制限のない戦いという意味で、一言で言えば、「勝つためには手段を選ばない、何でもあり」ということだ。実際、この本では、将来戦は新たな形態へと変化し、新テロ戦、生物・化学兵器戦、ハッカー戦、麻薬密売など、これまで一般に戦争行為としてはタブーとされてきたあらゆる手段と方策を使用し、またそれらを組み合わせて遂行するようになるであろう、と述べている。

もとより政府中央の意向に反した著作が公開されるとは考えにくい国柄であることを考えれば、この軍事思想は中国人民解放軍のめざす方向性の一端を示しているといえよう。となれば、当然、サイバー戦についてもその準備が行なわれていると考えていいだろう。

この本が出る前年の一九九八年、中国は「人民解放軍情報戦争シミュレーションセンター」という部隊を設立し、情報戦への関心の高さを示している。超限戦の思想の源流に位置する動きと思われる。その頃から中国はサイバー戦を準備してきた。

三つの分野で進む中国のサイバー技術の利用

中国は政策的にサイバー技術を極めて重視しており、「軍事」「経済」「政治」の三つの分野でその利用を進めている。

①軍事利用――米国を仮想敵に電網一体戦を準備

サイバー技術の軍事利用は、一言で言えば、米軍を強く意識した活動である。中国軍は米国の弱点はコンピュータやネットワークに過度に依存していることだと分析しており、有事には、前にも述べた電子戦とサイバー戦を有機的に組み合わせた「電網一体戦」で攻撃しようとしている。電子戦では無線妨害などを行ない、またサイバー戦では、普段は動かないが、あらかじめ設定したトリガーが入ると作動し、狙ったシステムをダウンさせたりする「サイバー地雷」の埋め込みなどを企図するものと思われる。

物理的な衝突が始まる前に、電子戦とサイバー戦を同時に仕掛け、互いに連絡が取れない、指揮官の命令が部下に行かない、そういう混乱状況を作ってしまえば、いくら強力な米軍でも戦力は大幅にダウンする。あとは頭数で圧倒すればいい――。

そういう戦略を考えていると言われている。

二〇〇八年版「中国国防白書」は、サイバー空間を陸、海、空と宇宙に続く「第五次元の戦場」と明記し、全国の七軍区に「電子戦団」を配置しているとしている。電子戦団とは電子戦の部隊だが、中国は電網一体戦の部隊育成を図っているとされ、サイバー戦部隊と切り離して考えることはできない。

中国のサイバー戦部隊は、人民解放軍総参謀部第三部、第四部などがその中枢を担っているとされる。二〇一〇年七月には総参謀部直属の「情報保障基地」が北京に設立された。中国版サイバーコマンドともいうべき部隊であり、軍の情報管理を強化し、国防建設の近代化に寄与するのが目的とされる。

米国防総省の「中華人民共和国の軍事力に関する年次報告書」（二〇一一年版）によれば、中国人民解放軍は「サイバー戦争における攻撃能力を着実に向上させている」と警告。同軍のサイバー戦の主目的として、①データの不法収集、②兵站・通信システムなどへの攻撃により敵の行動を抑制し、反応のための時間を遅らせる、③危機または紛争時に物理的な攻撃と併用することで力を増大させる、の三つをあげている。

②経済利用——サイバースパイで機密情報を狙う

国力をあげるための産業スパイ活動である。狙うのは主に企業の技術情報と大学の科学技術情報である。前述のタイタン・レイン事件や、二〇一一年夏以降相次いで報じられた三菱重工等へのサイバー攻撃などは中国による前者の事例として疑われている。

また後者に関しては、中国は政策的に外国の科学技術を盗もうとしている国であり、各国の大学や研究機関などはかなりの被害にあっているとされる。知人のある大学関係者によれば、「留学生はもちろんのこと、先生も危ない。文献は全部コピーされるし、あの国のソフトをダウンロードするから、大学のパソコンはウイルスだらけだ」という。

③政治利用――国内監視システムが支える屈指のサイバー戦防御能力

サイバー空間を使った政治活動の監視をいう。実動部隊は公安部で大規模なネット検閲システム「金盾」を運営していることで知られる。中東のジャスミン革命がサイバー空間によって成就《じょうじゅ》したことに中国は警戒を強めている。

具体的には、
・金盾……政府の都合の悪い情報にアクセスできないようにフィルタリングする。たとえば、「天安門」は検索できても「天安門事件」は検索できないなど。
・盗聴……ネットワーク自身を盗聴し、反政府活動家同士の連絡が取れないようにしている。

・世論誘導……政府がお金を出し、政府に都合のいい書き込みを奨励しているとの噂がある。

などの活動を行なっているとされる。

サイバー戦の観点から注目すべきは、こうした監視機能があることにより、中国は海外からサイバー攻撃を受けてもマルウェアなどの検出能力が極めて高く、また必要であれば、いつでも国内のネットワークを海外から遮断することができる、という点である。

このため外国からのサイバー攻撃に対する防御能力は世界でも屈指と考えられる。

中国によるサイバー攻撃の証拠

近年、日本も含めて各国の政府機関などが執拗《しつよう》なサイバー攻撃を受けているが、これらの攻撃の一部は中国発のものであるとの見解が多く出されている。

たとえば、二〇〇七年九月に英王立統合防衛安保研究所アジア安全保障部長アレックス・ニールが、「最近の米英独仏に対するサイバー攻撃に関して中国人民解放軍が関与している可能性が極めて大きい」と指摘したほか、ウォール・ストリート・ジャーナル（二〇一〇年六月三日）の論説は、国防総省のコンピュータシステムに対する中国からのサイバー攻撃数は、二〇〇七年の四万四〇〇〇件から二〇〇八年には五万五〇〇〇件、二〇〇九年には九万件に達していると述べている。

また二〇一一年十一月には、米国でスパイ対策を統括する国家防諜局が、インターネットを通じた経済スパイ活動をまとめた報告書（「サイバー空間で米国の経済機密を盗む外国スパイ」）のなかで、中国はロシアと並び最も活発な経済スパイと名指しで批判したほか、米議会の超党派の諮問《しもん》機関、米中経済安全保障検討委員会も、ＮＡＳＡ（米航空宇宙局）の衛星二機が中国からとみられるサイバー攻撃を受け、一時、制御システムを乗っ取られたと公表するなど中国への批判を強めている。

こうした批判に対して中国は一貫して関与を否定しているが、はからずもその一端を自ら垣間《かいま》見せたことがある。二〇一一年七月、国営のＣＣＴＶ（中国中央電視台）がサイバー戦の特集番組を放送したのだが、その際、軍がサイバー攻撃を行なっていることをうかがわせる映像が流れたのだ。パソコンの画面には「ネット攻撃システム」が表示され、その攻撃目標には、中国で非合法とされる法輪功の米国にあるウェブサイトのリストが並んでいた。また画面上に出た数字を解析すると、こちらは米国のある大学のアドレスであることがわかった。中国によるサイバー攻撃、サイバースパイの証拠として話題になった。

また今回のCCTVの件について米国のある専門家は、「中国はあえてそれを出すことで米国に対してシグナルを送ったのではないか」と述べているが、筆者はそうは思わない。中国はこの種の軍事情報の秘匿に関しては、単に無頓着なのか、自信の裏返しなのか定かでないが、ときにこちらが驚くほどあっけなく漏れてくることがある。シグナル説は深読みと思う。

影の巨大戦力――サイバー民兵とは

一般報道によれば、すでに中国には数千人規模のサイバー部隊が存在していると言われており、一部ではその規模は一万人を超えているという情報もある。たとえば、前述のウォール・ストリート・ジャーナルの論説は、国防総省の数字を引いて、中国は二〇〇三年以来、秘密裏に軍人三万人、民間専門家一五万人、総勢一八万人のサイバースパイを擁する巨大なサイバー軍をすでに実戦運用している、としている。
近年、注目されているのは「サイバー民兵」の存在である。二〇〇二年の設立とされ、民間の大学や情報関連企業などに軍のサイバー部隊としての機能を持たせたものだ。たとえば、企業であれば、社長＝大隊長、役員＝中隊長、管理職＝小隊長などとして組織する。普段は大学や企業の仕事をして、有事になったらそのまま人民解放軍の統制下に入る。

このような民兵制度を昔から中国は採用していた。たとえば海軍の民兵は、普段は商船を運航しているが、戦争になれば、船長がそのまま海軍大佐や中佐の階級章を得て軍の指揮のもとで船を動かすようになっている。その民兵制度をサイバー戦でも採用、その規模を拡大しつつあるといわれている。

その背景には人民解放軍のサイバー戦部隊における人材不足がある。中国は貧富の差が激しく、パソコンを自由に使いこなせるような裕福な家庭の師弟は最初から人民解放軍には入らない。入るのは農村部などの貧しい家庭の若者が多い。なかには優秀な若者も少なくないが、彼らは人民解放軍で訓練を受け、実力をつけると、軍を辞めて民間のソフト会社に行ってしまう。軍にいるよりもそのほうが稼げるからだ。

このためなかなかサイバー戦部隊の実力が上がらず、それが悩みの種とされていた。

それを裏づける、こんな事例がある。中国人民解放軍がサイバー戦に取り組みはじめてしばらくした頃のことだ。中国が台湾をサイバー攻撃したことがある。その様子を台湾側が記録し、縦軸に攻撃数、横軸に一日の時間の経過を取ってグラフにしたものがある（133ページグラフ）。これを見ると、攻撃数がフタコブラクダのような曲線を描いていることがわかる。一日のうちに山が二つあるのだ。

実はこの奇妙なラインからは、次のことが読み取れる。

朝の仕事開始と同時に攻撃を開始して、昼になったら中止してご飯を食べ、午後になったらまた再開して、五時には攻撃を終了して家に帰る――。

それは明らかに業務であることをうかがわせた。しかも発信元はすべて中国で、攻撃パターンは北京時間にぴたりと重なった。ハッカーの活動時間はたいてい夜で、これは世界共通だ。どこかの国が中国になりすまして台湾を攻撃している可能性は極めて低く、また中国以外にそのような動機を持つ国も見当たらない。中国人民解放軍によるサイバー攻撃

昼休みのあるサイバー攻撃？

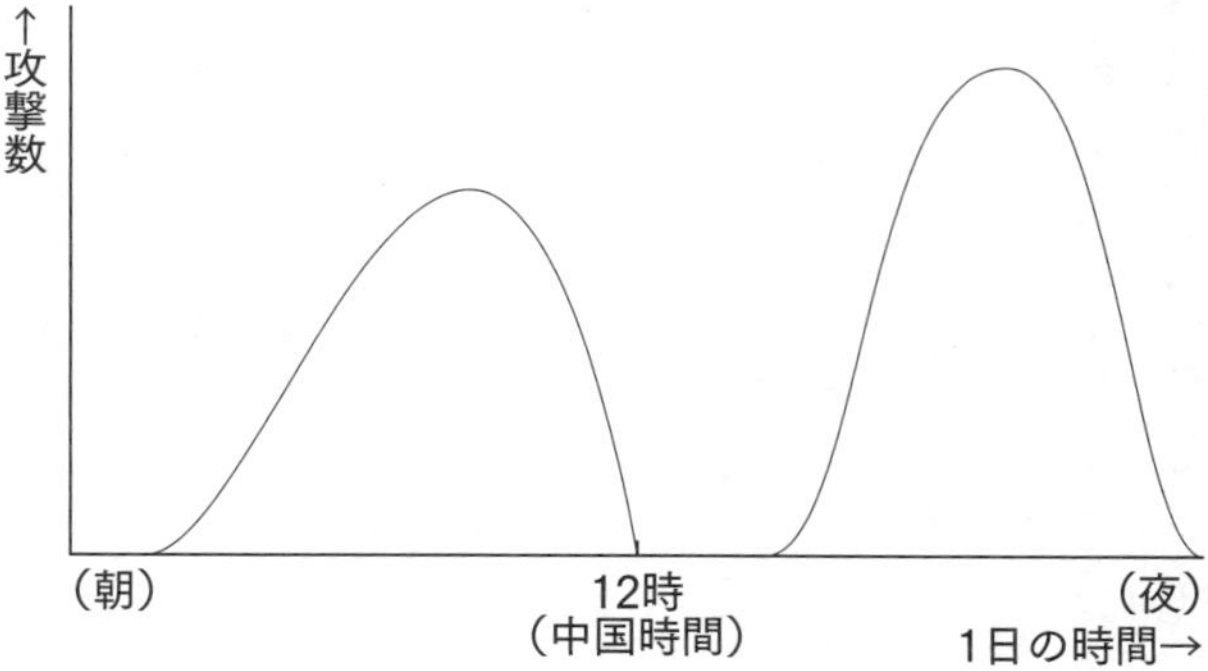

台湾に対するサイバー攻撃数の１日の推移を表わしたグラフ。中国時間の朝に始まり、正午頃の小休止を挟んで、夕方に終了する。

が濃厚だった。

この事例の意味するところを一言で言えば、間抜けである。サイバー戦の大きな特徴の一つは、攻撃者が身元を隠せる非対称性にあるが、これでは「犯人は私です」と言っているようなもので、いくつも証拠を残し、しかもその足跡は北京まで続いていた。それくらい初期の人民解放軍のサイバー戦能力は低かった。

サイバー攻撃の犯人として中国が名指しで批判されることが多いのは、一つには前述のように三つの目的で中国がサイバー戦を積極的に仕掛けていて目立ちすぎるからだが、もう一つの決定的な理由は、人材不足や能力不足から、それとわかるような痕跡を残してしまうからだ。

サイバー民兵の採用は、そうした人材不足や能力不足を補うものといえる。近年、中国のサイバー戦能力は急激に上がっているとされるが、その背景としてこのサイバー民兵の充実を指摘する声は少なくない。その数がどれほどの規模になるかは不明だが、最近、英国のフィナンシャル・タイムズ紙（二〇一一年十月十二日）は、人民解放軍傘下《さんか》のサイバー民兵の総数を八〇〇万人と推計している。信じられない数字だが、これが事実とすれば、とてつもない戦力である。

日本のハッカーは中国のハッカーに勝てない

中国のサイバー戦能力を考える際には、人民解放軍のサイバー戦部隊、傘下のサイバー民兵のほかに、一般民間人のハッカーの存在も忘れてはならない。膨大な人口を擁する国であり、ネット利用者はすでに五億人といわれる。民間に高いサイバー戦能力を持つハッカーが数多く存在するのも当然で、彼らがハッカーやハッカー集団を形成している。

彼らの戦闘能力の高さは、ネット社会におけるアンダーグランドでの活動や数々のハッキングの様子から確信をもって言える。たとえば、中国国内で売られている闇のソフトはコピー防止機能を外し、中国人に使いやすいようにオリジナルソフトに作り替えてある。

少し前に、知人に誘われ参加した日本のハッカーグループの会合でこんなことがあった。参加者の一人が、「これから面白いデモをする」と言って、中国で買ってきたウィンドウズの海賊版をインストールしてみせたのだ。

ウィンドウズを一からインストールしたことがある人はわかると思うが、あれは半日仕事である。その日の会合は一時間の予定だったので、参加者は、ウィンドウズのインストールと聞いて、みな一様に怪訝《けげん》な顔をした。

だが、その彼は涼しい顔で「大丈夫。すぐに終わるから」と言う。半信半疑で見ていたら、ほんとうに一五分ほどで終わってしまった。なぜか？　中国のハッカーが、正規の製品版のウィンドウズを全部解析して、中国人にいらないものは全部外しているからだ。

しかも購入の証であるアクティベーションも必要ない。それも外してある。

「あれ、もう終わり？　アクティベーションなし？」

インストールが終了すると、一同、啞然《あぜん》としたものだ。それだけではない。恐ろしいことに、デモの彼がパソコンの画面をポンと一回クリックしたら、「ついでにオフィスも入れますか?」と出た。それを見て筆者は思わず叫んでしまった。

「何だこれ⁉ ウィンドウズじゃないだろ!」

筆者の知っているハッカーたちは、日本最高かどうかはともかく、少なくともみんなそれなりのレベルにはある。そのデモの後で彼らに聞いてみた。「これはすごいと思うんだけど、これをできる人が日本人のハッカーにいるかな?」と。答えはみんな一緒だった。

「日本人のハッカーで、OSをバラして、改変して、パックしなおせるようなレベルの人はたぶんいない。無理だと思う」

多くの日本人は、いくら成長著《いちじる》しい中国とはいえ、サイバー技術の分野に関しては日本のほうが一段も二段も上だと思っているかもしれないが、事実は違う。それくらい中国のハッカーはレベルが高い。

続けてこう聞いてみた。

「それで、このウィンドウズのパチモン(偽物)、ほしい?」

一同、一斉に首を振り、「いらない」と。

「絶対にバックドアがついている」

ＯＳに裏口がついていたら、ウイルス対策ソフトを入れても何の役にも立たない。攻撃者の思いのままだ。

「世界の工場」中国だからこそできる罠

裏口と言えば、そもそも中国は、二〇〇三年に「ウィンドウズには裏口があるのではないか」とマイクロソフトに迫り、ソースコードを開示させている。軍民の専門家を集めて徹底的に脆弱性を探したはずだ。その意味では中国は相当に攻め手を持っているとみられている。

二〇一一年十一月、米上院軍事委員会はミサイル防衛システムなどの米軍調達品に偽造の電子部品が一〇〇万個以上混入していたと発表した。供給源は七割以上が中国だったという。また同月、米下院情報特別委員会は、米国で企業の秘密情報などを盗み出している疑いがあるとして中国の通信機器大手の華為技術（ファーウェイ・テクノロジーズ）や中興通訊《ちゅうこうつうしん》（ＺＴＥ）などを調査すると発表した。

中国は世界の工場であり、その気になれば、製造段階でいくらでもチップにマルウェアを仕込むことができる。不正チップを埋め込まれたハードウェアを探し出すのは難しく、防御は極めて困難だ。

もし中国が世界各国の中枢システムにそうやって罠を仕掛けていたら――？

米国はその可能性を強く疑っている。

ちなみに華為技術は日本向けにも携帯端末や基地局などを供給している。

「CDoS（チャイナ・ドス）攻撃」が日本を襲う

いまや中国のサイバー戦能力は、民兵制度の採用もあり、相当に上がっている。しかも中国の在野にはサイバー戦能力の高いハッカーが無数にいる。「中国紅客連盟」などの大規模なハッカーグループがいくつもある。

第2章でも述べたように、これからの戦争では、愛国心に燃えた人たちが、自らの意思で自主的に協力、サイバー戦に加わる可能性が高い。不幸にも日本と中国が戦うことがあるとすれば、人民解放軍とは全く関係のない民間のハッカーたちが「愛国無罪」を叫びながら、日本の中枢システムなどに一斉に攻撃を仕掛けてくるのではないかと思う。

となると日本は、軍、民兵、ハッカーが一体となった猛烈なサイバー攻撃を受けること になり、甚大な被害を被る恐れがある。たとえば、軍、民兵、ハッカーが一体となってＤＤｏＳ攻撃を仕掛けてきたら、たぶん日本はひとたまりもないだろう。

ＤＤｏＳ攻撃は高度な技術はいらないわりに大きな効果が期待できる。中国は民兵やハッカーの頭数にものを言わせて必ずそれを使うだろう。筆者はその攻撃を「ＣＤｏＳ」（チャイナ・ドス攻撃）と呼んでいる。

ただしＣＤｏＳは、愛国無罪で自主参戦するハッカーが想像以上に多すぎると、日本を攻撃する前に、たぶん中国のネットワークがパンクする。頭数の多さは大変な力だが、使い方を間違うと自ら痛手を負う可能性がある。

「毛沢東の最終兵器」という小話がある。中国の人民がみんな二階の屋根に上って、毛沢東の「好（ハオ）！」という号令で飛び下りる。平均体重五〇キロ、一〇億の民が二階から飛び降りる衝撃は中国大陸に巨大地震を起こすのに十分なインパクトがある。その巨大地震は津波を発生させ、やがて太平洋を渡って米国西海岸を襲う。これこそが毛沢東の最終兵器である。だが、津波が西海岸を襲う前に北京は地震で廃墟になっていた――。

中国はいまも昔も最後は数で圧倒できると思っている。しかし、CDoS攻撃も使い方を誤ると、この小話のように自爆する可能性がある。

情報共有を図る米中の思惑

米国は中国のサイバー戦能力を相当警戒している。「サイバー攻撃を受けたら武力行為と見なす」と宣言したのも、それだけ恐れているからだ。サイバー攻撃だけであっても、やられたら武力で反撃すると言っておかないと際限なくやられてしまう。

先頃、米国のあるシンクタンクの関係者から、「アメリカ軍と中国人民解放軍が、お互いにサイバー攻撃に対する被害の情報交換をする取り決めを結ぶらしい」という情報を得た。米国でも「ほんとうにそんなことがあるのか」と話題になっているようだ。

中国はいま世界中からサイバー攻撃を仕掛けていると批判されているが、中国自身も相当世界から攻撃を受けている。それは間違いない。そこで情報交換することで互いの手の内や技術情報などを得ようとしているのではないかと思われる。

ただし、果たしてうまくいくかは疑問である。タヌキとキツネの化かしあいで、ともにたいした成果が得られないまま終わるのではないだろうか。

(3) ロシア——攻守ともに屈指のサイバー戦能力

世界に衝撃を与えた二つの大規模サイバー攻撃

ロシアのサイバー戦に関する情報は極めて少ない。サイバー戦部隊について具体的に書かれた公刊情報も見当たらない。GRU(ロシア軍参謀本部情報総局)とFSB(連邦保安局)などがその中心的な役割を果たしていると思われるが、実態は不明である。

そうしたなか、二〇〇八年二月、ロシア軍参謀総長代行アレクサンドル・ブルティンによる次の発言は、ロシアのサイバー戦についてうかがい知る貴重なものとなっている。

「軍や特務機関に特別な部門が編成されているところである。情報作戦の準備と実施に関する基本的文書も作成中であり、訓練も始まっている」

彼はまた「将来の戦いは情報戦である」との認識も示している。ロシアがサイバー戦に備えて着々と準備を始めているのは間違いない。

それを世界が衝撃を持って知ることになった二つのサイバー戦がある。二〇〇七年四月のエストニアへのサイバー攻撃と、二〇〇八年八月のグルジアへのサイバー攻撃がそれである。

①エストニアに対するサイバー攻撃（二〇〇七年）——史上初の対国家攻撃

世界五〇カ国以上、一〇〇万台のパソコンが一斉攻撃

二〇〇七年四月、バルト海に面する小国エストニアに対するサイバー攻撃が行なわれた。その攻撃は約三週間にわたり続き、大統領府、議会、外務省、国防省などの政府機関や銀行、新聞社などのウェブサイトが停止させられたほか、携帯電話網なども被害を受けたという。

エストニアは一九九一年の独立後、「ＩＴ立国」を国策に掲げて世界初のインターネッ

トによる国政選挙を行なうなど国全体の電子化を進めており、世界で最も進んだインターネット利用国家の一つであった。すべての国民がインターネット技術を利用した行政サービスを受けられるほどその整備は進んでいたが、皮肉にもそのことが大きな脆弱性を抱えることにつながり、大規模なサイバー攻撃を許す結果になったと考えられる。

当時、エストニアはロシアとの間に深刻な問題を抱えていた。そもそもエストニアはドイツ系入植者の子孫の国であったが、長くロシア人の支配下にあった。一九一七年の帝政ロシアの崩壊にともない、一時独立を果たしたこともあったが、結局、一九四四年、ナチスドイツ占領下の状態から再度ソビエト連邦に併合された。ソ連はこれを解放と称した。このソ連時代には、スターリンによる住民の強制的なシベリア移住などロシア化が強力に進められた。その後、ソ連の崩壊にともなって再び独立を果たしたのである。

このような歴史的経緯により独立後のエストニアでは、民族的・反ロシア的な政策が行なわれるようになり、両国およびエストニア国内で本来のエストニア住民とロシア系住民との間に心理的な軋轢《あつれき》が高まっていた。

騒動のきっかけは、首都タリンにある旧ソ連軍将兵の記念像の撤去問題であった。ナチスドイツからエストニアを解放したロシア兵士を称えるこの像は、解放されたとされるエストニア人からは特別な感情をもって見られており、反ロシア感情の勃興とともにその撤去が焦点となっていた。

そしてこの問題に起因する反ロシアのエストニア住民と親ロシアのロシア系住民との間に騒乱が起こった際、ほぼ同時にエストニア政府機関などへのサイバー攻撃が始まったのである。暴動は二〇〇七年四月二十六日夜に、そして最初のDDoS攻撃が行なわれたのは翌二十七日の夜であった。

この攻撃は、乗っ取られてボットネット化した世界五〇カ国以上、約一〇〇万台のパソコンによって行なわれた。攻撃によって同国に流入した総トラフィック（情報量）は通常時の四〇〇倍以上であったという。これにより銀行業務をはじめ国内の各種インターネットサービスはほぼ使用不能となった。またDDoS攻撃だけでなく、ウェブサイトの改竄も行なわれた。

エストニアはDDoS攻撃への対策として、フィルターによるトラフィックの抑制、サイトの移転などの技術的な対応を行なったが、そもそもネットがほぼ使えない状況であったからメールは利用できず、関係者同士のスムーズな連携も難しく、迅速な対処を行なうことは困難を極めたという。この際、ある意味レガシーな連絡手段であった電話が活用されたとのことである。

「第一次ウェブ大戦」の衝撃

このサイバー攻撃の複雑さや連携方法は過去にないもので、複数のボットネットの利用をはじめ、さまざまな技法を用い、タイミングを選び、特定のターゲットを狙ったものであった。また、あるロシアのウェブサイトにおいて、エストニアへのサイバー攻撃を実行するための複数のツールの配布が行なわれていたという。これにより特段の技術を持っていない者でもエストニアへのサイバー攻撃に参加できるようになった。

暴動の発生とほぼ同時に、事前の準備が必要なＤＤｏＳ攻撃が実行されていることから、この攻撃は政治的なイベントに対する個々の市民の偶発的な反応によるものではなく、暴動に連携し、前もって組織化されたサイバー攻撃であった可能性が高い。

エストニア政府は、攻撃の一部の発信元がクレムリンやロシア政府のコンピュータであると主張し、「このサイバー攻撃を行なった犯人はロシアだ」と激しく非難した。もちろんロシア政府はこれを否定し、ハッカーがクレムリンや公的機関のコンピュータを装って攻撃を仕掛けている可能性を指摘した。

一般にサイバー攻撃の特徴として、その犯人を特定するのは極めて困難である。攻撃に用いられたパソコンに目標の指示を出していた者がいるわけであるが、その指令の道筋を上流に辿っていき、見つけたその指令サーバーがロシア国内にあったとしても、それ自体がまた乗っ取られており、真犯人により遠隔操作されている可能性も否定できないからだ。

ただ今回は、動機の面から見て、やはり犯人はロシア人ハッカー集団であろう。この事件では被害者であるエストニアの社会が情報通信に強く依存していたためにサイバー攻撃を受けた場合の被害が大きくなったといえる。これは社会がネット技術に過度に依存した場合の危険性を物語っている。

一方で、普段からの関係者の訓練や人間関係、彼らの前向きな取り組みが事態の悪化を防いだともいわれており、これはサイバー攻撃に対する防御という面で重要な視点である。

今回のように一国を対象とする大規模なサイバー攻撃が行なわれたことは歴史上初めてである。これは武力を行使することなくネットワーク技術を利用して他国を効果的に攻撃できる可能性を示す壮大な実験となった感もある。

事件後、米国やＮＡＴＯ諸国は、大量の専門家をエストニアに派遣して、この事件からの教訓を得ようとした。専門家の一部は、この事件を「ＷＷＩ」（第一次ウェブ大戦）と呼んだ。そのような名称をつけるほどに世界に衝撃を与えた歴史的な事件だった。

この事件で改めてその重要性が再確認されたのは、インターネットのバックボーン（主要幹線）の太さである。ＤＤｏＳ攻撃はシステムに過負荷をかけるだけの攻撃だから、バックボーンが十分に太ければ、ダウンすることはない。

実際、いまではそれをビジネスにしている会社もある。あらかじめ「何か起こったときにはあなたのところを通らせてください」という契約を交わしておけば、サイバー攻撃を受けたときなどに太い幹線にバイパスしてくれる。そうやっていざというとき太い幹線を提供することでお金を儲けているのだ。

その国が持っているバックボーンの太さはどれくらいか――?
サイバー戦の防御においては、これが大きな鍵を握ることになる。

②グルジアに対するサイバー攻撃（二〇〇八年）――サイバーパルチザンの誕生

一般人が勝手に国家間戦争に参加する時代

二〇〇八年八月、グルジア内部における南オセチアの分離独立の動きと、それに対するグルジアの軍事行動に対応してロシア軍がグルジアに侵攻した。一般に二〇〇八年の南オセチア紛争（またはロシア‐グルジア戦争、八月戦争）と呼ばれる。

その際、戦闘に呼応してグルジアの大統領府、議会、外務省、国防省、メディアなど多数のコンピュータシステムなどに重大な被害が発生した。

このサイバー攻撃はロシア軍が行なったものではなく、愛国心に燃えたロシアのハッカーたちが自国の戦争に協力しようと考えて実施したものといわれている。彼らは自らをサイバーパルチザン、オンラインパルチザンと称した。パルチザンとは非正規のゲリラ部隊のことである。

この戦いは、サイバー戦という形で民間人が自らの意思で進んで国家間の戦争に参加するという、戦争のあり方を変える戦いでもあった。

ロシアの愛国青年たちがグルジアを追い詰めた

この紛争の背景には、旧ソ連時代に定められた各国の境界と民族の居住分布が一致していなかったことがある。そのためグルジア国内には以前から民族主義的な分離独立の動きとそれに反対する動きがあった。そしてそれぞれのグループを支援するロシアとグルジア政府の間の緊張が高まり、紛争の前には双方が恣意的な軍事演習を行なうなど危険が高まっていた。グルジアによれば、オセチアからの砲撃によりグルジア兵士が死亡したことにより開戦に踏み切ったという。

八月八日、グルジア軍が南オセチアに侵攻し、南オセチア民兵や平和維持軍として駐留していたロシア軍を攻撃。ただちにロシア側も兵力を増強して反撃を開始、両国は交戦状態に突入した。

その後、ロシア軍の反撃が本格化し、一時グルジア軍が制圧していた南オセチア自治州の州都ツヒンヴァリを解放。またグルジア全土でロシア軍による空爆が始まった。これに対してグルジアのサアカシュビリ大統領は戒厳令を発令し、グルジア全土の戦争状態を宣言した。ロシア軍の激しい攻撃に、十日には南オセチアに侵攻していたグルジア軍が撤退を開始。十三日、EU議長国であるフランスのサルコジ大統領の調停により、ロシアとグルジアが和平案に合意し、十六日には文書による和平合意に達して戦闘はほぼ終結した。

この戦いに呼応する形で行なわれたサイバー攻撃は以下のようなものであった。

二〇〇八年七月下旬、まずグルジア大統領府のウェブサイトへのＤＤｏＳ攻撃が発生した。その後、八月になってから活動が次第に激しさを増し、グルジア軍が南オセチアに侵攻した八日頃には、

・ウェブサイトの書き換え
・ＤＤｏＳ攻撃によるサーバーの機能低下
・スパムメールによる業務の妨害
・攻撃を実施するための具体的なソフトウェアの提供

・外国とのインターネットの切断
・対抗するグルジア人ハッカーの連携妨害

など各種のサイバー攻撃がピークに達した。

またロシアのStopGeoregia.ruという愛国サイトにはグルジアへの攻撃を要請する愛国的なスローガンが掲示されたほか、グルジア政府機関などを攻撃するために必要な具体的なスクリプト（素人でもそれを使えばサイバー攻撃ができる簡単なプログラム）や目標のアドレスが載せられていたという。

さらには、「サイバーバリケード」と呼ばれる手法も試みられたとみられている。これはグルジアにつながるゲートウェイ（インターネット上の出入り口）を攻撃して、グルジア人による国外とのインターネットの利用を妨害するというものであった。ただし、どの程度の効果があったかは未確認である。

このロシアからのサイバー攻撃に際し、グルジア人のハッカーたちも連携してこのサイバー戦に参加し、ロシアに対抗しようとした。しかし、グルジア人のハッカー同士の情報交換サイトがロシアからのサイバー攻撃により妨害されるなどしたため、この民間人同士のサイバー空間での戦いはロシア人ハッカーの勝利で終わったようである。

ロシアからのサイバー攻撃に対するグルジア政府の対策は、主にウェブサイト自体の国外退避であった。そのほかには、ロシアを意味する「ｒｕ」ドメインのすべてのアクセスの遮断も実施された。またグルジア政府関係者のインターネットアクセスを担保するためにポーランドの協力を得たことが知られている。

サイバー攻撃の後ろに見え隠れする軍の存在

ロシア人ハッカーたちによるサイバー攻撃と軍による戦闘の関係であるが、サイバー攻撃は必ずしも戦闘行動を直接支援するものではなかった。少なくともグルジア軍のシステムが攻撃されたという報道はない。またグルジア政府機関などに対するサイバー攻撃は、軍の意思としてのサイバー攻撃ではなく、民間人の行なったサイバー攻撃であったとされている。

しかし、その背後に軍の間接的な支援があった可能性はある。前述のStopGeoregia.ruという愛国サイトを辿っていくと、ロシア軍諜報部所在地に隣接した番地であったとの話もある。実は軍が「グルジアを攻撃しよう」とロシア人ハッカーたちを焚《た》きつけていたのではないか――。その疑いがあるのだ。

南オセチア紛争でのサイバー攻撃に関して英国の国際戦略研究所のロシア軍事専門家クリストファー・ラントン上級研究員は、「ロシアは近年、電子戦やサイバー攻撃の能力を向上させており、グルジア侵攻作戦にサイバー攻撃を組み込んでいたとみるのは妥当だ」との見方を発表している。

もちろんロシア政府は関与を否定しているが、少なくとも実際に行なわれたサイバー攻撃のなかにロシア人ハッカーたちの勝手なサイバー攻撃とは別に、ロシア軍のグルジアへの軍事作戦に連携したとみられるものがあり、それらがロシア軍が主導したものではないかと疑われているのは事実である。

南オセチア紛争で重要なことは、民間人が自らの意思で国家間の戦争に参加、協力したということである。これは戦争のあり方を変える衝撃的な事件だった。

古代から近世までは戦いを専門とする戦士、武士、兵士が戦闘員だった。それがナポレオンの登場した近世以降、国民軍が生まれ、一般の国民が戦闘に加わるようになった。それが第二次大戦以降、総力戦の時代になり、軍隊だけでなく、銃後の国民も否応なく戦争に関わる時代になった。非戦闘員も空爆で犠牲になった。

それがいま、サイバー戦の時代になり、一部の国民が自分の意思で勝手に戦争に参加する時代になった。ロシアのグルジア侵攻の際、サイバー攻撃したロシアの愛国青年たちはまさにそれで、自分は戦場に行かず、自分の部屋のパソコンからグルジア政府などにサイバー攻撃を仕掛けた。

これからの戦争では、このような愛国的な若者によるサイバー空間での自主的な参戦が確実に増えると思う。そうなると、将来、自衛隊が外国軍と戦う場合、その外国の民間人が自衛隊のシステムを攻撃目標としてサイバー攻撃を行なう可能性が濃厚である。

ここには戦争法規上の交戦資格など多くの未解決の問題がある。この点については後の章で改めて述べる。

ロシアの恐るべき発想力

この二つのサイバー戦は、ロシアが有する潜在的なサイバー戦能力の高さを世界に知らしめた。実は同様の事件はほかにもあり、二〇〇七年十月にはウクライナ、二〇〇九年一月にはキルギスがサイバー攻撃を受けている。攻撃したのはロシアのハッカーとされるが、軍のサイバー戦部隊の関与を指摘する声もある。

いずれにしろロシアのサイバー戦能力は、軍のサイバー戦部隊の実態は不明であるものの、極めて高いとみられている。これは過去のサイバー戦の〝実績〟もさることながら、ロシアのサイバー技術が世界でも有数であることが一つの論拠となっている。

たとえば、日本へのサイバー攻撃を例に考えてみる。多くの日本人は、そのほとんどが中国の仕業と思っているが、必ずしもそうとは言えない。サイバー攻撃の特徴の一つは攻撃元がわからない、あるいは偽装できることだ。中国のフリをしてロシアが攻撃している可能性はないとは言えない。証拠がないだけだ。もしロシアが攻撃者だとしたら、一切足跡を残していないわけで、それこそが彼らの技術の高さの証明になる。だから中国と見せかけて、実はロシアが犯人の可能性はある。ロシアの技術が高くなければ、この仮説は成り立たないが、そう信じるに足るだけロシアの技術は実際に高いのである。

それは別なところからもわかる。サイバーの裏の世界でいろいろ悪事に手を染めて一番お金を稼いでいるのはロシアの犯罪組織とみられているからだ。

たとえば、少し前までロシアンビジネスネットワークというウェブサイトがあってDDoS攻撃などに使えるボット（ボットネット）の貸し売りやDDoS攻撃の代行、あるいはスパムメールの送信代行などを堂々とやっていた。この手の裏ビジネスは高いサイバー技術がなければ無理で、そのことが彼らの能力の高さを証明している。

では、なぜ彼らはそれほどサイバー技術が高いのか。

それは、ルーツがKGB（ソ連国家保安委員会）だからだ。旧ソ連が崩壊し、KGBが解体されると、諜報活動などに当たっていたサイバー関係の要員は、主に政府関係、民間企業、マフィアへと流れた。コンピュータセキュリティ会社大手のカスペルスキーを経営するユージン・カスペルスキーなどもその系譜に連《つら》なる人物である。そうしたKGB人脈はいまも強固なつながりを持っているといわれている。

数学が得意な国はサイバー戦能力が強いというが、ロシア人は暗号が得意だ。中国や北朝鮮はロシア人から教えてもらっている。ロシアの弟子である。こうした数学が得意な国柄もロシアのサイバー戦能力を支えているのかもしれない。

さらに言えば、ロシアは旧ソ連時代から常識を超えた兵器を数多く作ってきた発想力の豊かな国でもある。

たとえば、ロシアは潜水艦発射型対空ミサイルというものを開発した国である。洋上にいる駆逐《くちく》艦とか巡洋艦は、戦闘機が来るから対空ミサイルを持つのは当然だが、潜水艦は海に潜《もぐ》っている。通常、潜水艦は空から攻撃されたら、潜って逃げるのが一番である。海の中から攻撃して、みすみす相手に自分の位置を知らせてしまう必要はない。しかし、ロシアはそうした常識に反して潜水艦に対空ミサイルを積んだ。

またロシアは、後向発射対空ミサイルを作った唯一の国でもある。

戦闘機は高速で前に向かって飛ぶ。ミサイルはその進行方向に向かって発射する。これが常識だ。ところがロシアは戦闘機の進行方向とは正反対の後向きに発射するミサイルを作った。戦闘機の後方を敵機に取られたとき、これを撃墜するためである。実戦配備するまでには至らなかったが、初めてこのミサイルの資料を目にしたときは、その発想力に唖然としたものである（ちなみに、後方に向けて発射されたミサイルは、ある時点で速度ゼロとなり、方向制御不能になるのではないかと考えられる。もしそれが熱追尾型なら、最も近場にある自らのエンジンを追いかける可能性が高い）。

ロシアにはこの種の常識外の発想で作られた武器が多い。笑い話のようだが、こうした発想力は、サイバー技術においては、誰も気づかないセキュリティの欠陥や、攻撃方法を編み出す驚異的な能力となるとも考えられる。

米国を脅かすサイバー戦能力

ロシアはかつてサイバー攻撃に対しては「核による反撃の権利を保持する」と宣言したことがある。それだけサイバー攻撃の脅威を感じていたのだろうと思う。

しかし、最近は言わなくなった。これはロシアのサイバー戦能力が相当に上がり、攻撃者に対する脅威が相対的に低下したことによると思われる。

対照的なのは米国で、「サイバー攻撃には武力で反撃する」と宣言した。それは自信がなくなったからだと思う。他国に先駆けネットワーク社会を築き、その問題点にも取り組み、サイバー戦部隊も作った。しかし、そうやってサイバー戦への備えに傾注すればするほど、自分たちの社会が抱える弱点が次々と見つかるようになった。その事実が焦り、危機感となって、「やられたらやり返す」という先の宣言につながったのだろう。無論、諸外国のサイバー戦能力がだんだん上がり、サイバー空間での圧倒的優勢が揺らいでいる面もある。どのみち自信があれば、あのような宣言はしない。

その点、ロシアは着実に自信を深めているように見える。民間のハッカーたちを見ても人材は相当に豊富と思われるし、社会インフラのネットワーク化も限定的なことから防御力もそれなりに高いとみられている。依然として謎の部分は多いが、サイバー戦能力では米国を脅かす存在であるのは間違いないだろう。

（4）北朝鮮――高いサイバー戦能力と群を抜く防御力

崩壊状態にある産業基盤

二〇一一年十二月十七日、北朝鮮の金正日《キムジョンイル》総書記が死去した。今後の北朝鮮体制はどうなるのか。三男正恩《ジョンウン》氏の権力継承の行方も含めて予断を許さない状況が続いている。

こうしたなか、多額の経費を必要とせず、大きな破壊効果の期待できるサイバー戦は、すでに産業基盤がほとんど崩壊している北朝鮮にとって一筋の光明となっている。

筆者は自衛隊の陸幕調査部で北朝鮮の技術や兵器の調査、分析をしたことがある。もう一〇年以上前、そのために北朝鮮から洗濯バサミやビール瓶などを入手したのだが、洗濯バサミは木製だった。日本で木製の洗濯バサミを使っていたのは昭和三〇年代までで、アルミからやがてプラスチック製の洗濯バサミへと替わった。日本ではとうの昔に消えた木製の洗濯バサミを北朝鮮では一〇年ほど前にまだ使っていた。

しかも実際に使ってみると、スプリングが弱い。冶金《やきん》技術のレベルが極めて低く、上手にバネが作れない。バネは産業のさまざまな分野で必要になる。無論、兵器でも必要だ。それがこの程度では武器の性能も知れている。昔はロシアのカラシニコフなどの小銃のコピーを作ってあちこちに輸出して外貨を稼いでいたが、いまはそれもできなくなった。不具合が多く、世界の兵器市場で相手にされなくなったのだ。

それから北朝鮮のビール瓶はわずかに歪んでいるのがわかった。これはガラス工業のレベルが極めて低い証拠である。戦車や潜水艦のペリスコープ（潜望鏡）はガラスで作る。

その品質が悪いと、きれいな像をまっすぐ映すことができない。

いまから一〇年以上前ですでに工業レベルはその程度に落ち込んでいた。このためいまでは国家レベルの力を一点に集中して生産できるミサイルや核兵器などは別として、大量生産されるものについてはもはやその品質を維持できなくなっている。

貧者が手にした最高の兵器

このように非常に厳しい経済状況にありながら、それでも何とか国家として生き残ってきたが、産業基盤は事実上、すでに崩壊している。衛星で撮った夜の地球の写真を見ると日本が真っ白けで、大陸があって、韓国が島のように映っている。北朝鮮は平壌以外は真っ暗で灯りがほとんどない。闇の世界だ。それは産業基盤が崩壊した北朝鮮を象徴する画像である。

おそらく北朝鮮の国力は朝鮮戦争の頃がピークで、その後、韓国に追い上げられ、抜かれて、はるか後方に追いやられてしまった。いまや軍の訓練用の燃料もないありさまといわれ、パイロットの訓練も戦闘機が飛ばせないので、イメージトレーニングですませているという噂すらある。昔は先軍政治で国民が餓死しても軍隊だけは権力の基盤だから食料をまわした。ところが、ある脱北者によれば、「もはや軍隊にも食料がいかなくなっている」という。

これだけ困窮を極める国が通常戦力でまともに戦えるはずもなく、いまや北朝鮮は普通の国家ではあり得ない特異な戦い方へ特化しようとしている。

たとえば、正規軍ではなく特殊部隊である。筆者が自衛隊にいた頃は一〇万人とされたが、いまでは二〇万人と言われている。一般の部隊が燃料不足などで機能しなくなっており、そのなかから、たとえば、油がなくて動かない戦車部隊の戦車兵などを特殊部隊に異動させ、徹底的に鍛え上げているのではないかと思う。

北朝鮮の特殊部隊は世界の最強レベルといわれる。母数が多く、一〇〇万近い兵のなかから選抜され、しかも窮乏久しい状況下で、過酷な訓練を積み、極限まで精神も肉体も追い込んでいる。そうした精鋭部隊をこれだけの規模で有する国家は世界広しといえども北朝鮮だけである。

あるいは地対地《ちたいち》弾道ミサイル（いわゆるノドン・テポドン）の開発と保有もその一つであ

る。これは現時点においていかなる国も有効に阻止できない兵器である。

そしてもう一つ、北朝鮮が目をつけたのがサイバー戦である。サイバー戦はそのための要員を育てるのに大規模な工場も多額の経費も必要ない。

しかもサイバー戦は敵の見えない非対称の戦いである。圧倒的に攻撃有利で、本質的に防御には主導性がない。優れたハッカーが一人いれば、凡人の一〇人や二〇人は軽く抜ける。もとより北朝鮮は米国のように社会のネットワークが進んでいるわけではない。守るべきサイバー空間はほとんどないに等しい。標的にされてもほとんど無傷ですむ。防御能力は極めて高い。

貧者の兵器としては最高であり、北朝鮮がサイバー戦に目を付けたのは、ある意味、当然と言える。

日常生活に侵入する戦争

北朝鮮ではサイバー戦の要員を育てるために国の制度として小中高各年代で優秀な学生を選抜してエリート教育を施し、最終的には美林大学（自動化大学→金一軍事大学に名称変更）など国内の一流大学でサイバー技術に関する最高の教育を与えている。

脱北者の証言によれば、北朝鮮の大学では一九八一年以来、毎年約一〇〇人のサイバー戦技術者を輩出しており、一九九二年には攻撃用ソフトウェアの開発に成功したとのことである。このソフトウェアの能力は不明だが、すでにいまから二〇年ほど前にサイバー戦の準備に取りかかっていたという事実は驚くべきことである。

二〇〇五年六月、高麗大で開催された「国防情報保護カンファレンス」において、韓国国防科学研究所のビョン・ジェジョン博士は「北朝鮮の情報戦能力は米太平洋軍司令部指揮統制所と米本土の電力網に被害を与えうる水準に達している」「北朝鮮の美林自動化大学において、すでに五年間にわたってコンピュータネットワークに対するハッキングおよび指揮通信システムの無力化のためのハッキング技法の研究を行なっている」と発言した。

さらに同年十一月、韓国西江大で開催された「国際サイバーテロ情報戦カンファレンス」において、脱北者であるキム・フングァン元北朝鮮コンピュータ技術大学教授が、「北朝鮮では、サイバー情報戦とサイバー対南工作のために五〇〇人余りのハッカーが活動している」と証言している。

これは総参謀部偵察局隷下の暗号技術、ＯＳ技術、トラフィック解析など計一〇の部門にわたる三〇〇人規模の組織と、同じく総参謀部隷下の一部局である敵攻局の下部組織であるサイバー心理戦部隊一〇〇名などである。

また同教授は一般報道記者とのインタビューで、「サイバー戦とは、日常生活全般に侵入する可能性のある戦争である」と語った。北朝鮮ではサイバー戦は平時の戦争という認識なのである。

北朝鮮が生んだ世界最強の囲碁ソフト

北朝鮮はハードウェアに関する技術力はかなり低いものの、ソフトウェア開発能力は先進国並みであり、その技術力は極めて高い水準にあると思われる。北朝鮮はその体制ゆえに優秀な若者を早い時期から集め、コンピュータに関する英才教育を施しているからだ。

ただし、我々の感覚からすれば、とてもエリート教育とは思えないようなこともある。最新のＯＳはなかなか入らないし、いまだにウィンドウズ98も使っている。あるとき北朝鮮のソフトフェアを解析する機会があったが、そこには一九八〇年代の日本で一世を風靡《ふうび》したNECのPC98の痕跡があり、大いに驚いたものだ。

とはいえ、そうした教育環境だからこそ、与えられた条件のなかで骨の髄までしゃぶりつくすように学ぶことができるのかもしれない。それこそウィンドウズ98のことなら、北朝鮮の技術者は解析しつくしているだろうから、下手をすれば、マイクロソフトの技術者より詳しいのではないかと思う。当然、脆弱性も相当把握しているはずで、北朝鮮はそれを突ける。

北朝鮮のソフトウェアの技術の高さは、たとえば、日本でも市販されている囲碁ソフトが証明している。シルバースター社の「銀星」というソフトで、世界囲碁選手権で日本や中国の囲碁ソフトに五年連続で勝って優勝した。大会そのものが五年しかなかったので、勝ちっぱなしだったことになる。シルバースター社は北朝鮮のダミー会社だ。

ひょっとして裏口があるのではないかと思い、入手して調べたが、そうした仕掛けは一切なかった。三年前にその囲碁ソフトのプログラマーが日本に来た。日本で世界コンピュータ将棋選手権というのがあり、それに参加したのだが、今度は二四チームが出場し、第一予選を九戦全勝で突破、第二予選も七戦全勝で突破、決勝で四チームが残って、惜しくもそこで敗退した。囲碁ソフトの実績から相当に研究されていたようだ。

とにかくそれくらい強いソフトが作れるプログラマーが北朝鮮にはいる。サイバー技術は相当に高いと見るべきで、そうした人材がサイバー部隊に配置されていると思われる。

このため北朝鮮のサイバー部隊は世界的に見てもかなり高いサイバー戦能力を持っている可能性がある。

北朝鮮も中国を踏み台にしている？

先ほどロシアは中国を踏み台にして日本などを攻撃している可能性があると述べたが、実は北朝鮮も中国を踏み台にしている可能性がある。

中国はサイバー戦を重視しているし、優れた民兵やハッカーもいるが、一方で一般の人びとはセキュリティにお金をかけない。ウイルス対策ソフトを入れないし、ソフトウエアも正規版ではなく、いかがわしい海賊版を平気で使う。使えればいいし、自分が困らなかったら全然気にしない。そういう人が大勢いる。何せネット人口は五億人である。頭数が多いのでウイルス対策ソフトを入れていない人もべらぼうに多い。その人たちがボットネットのゾンビコンピュータにされて、踏み台になっている。それで攻撃されているほうは、「中国から来ている。中国、許せん」となる。

だが、操っているのはロシアの犯罪組織かもしれないし、北朝鮮の可能性もある。北朝鮮は世界で唯一、国内にインターネットのイントラネットがあるけれども、外とつながっていない国である。

独裁政権の常で、北朝鮮も人びとがほんとうのことを知るのを強く恐れている。ラジオは政府の放送しか入らないようにハンダづけしてある。溶かして聞いているという話をよく聞くが、オフィシャルにはそういうことになっている。

世界中の情報が外から飛び込んでくるインターネットなどもっての外だ。二〇一一年、長期独裁政権を次々に倒した中東のジャスミン革命は、まさにネットがもたらしたものであった。中国同様、北朝鮮もそうした事態を強く警戒しているのだ。

では、北朝鮮のサイバー戦部隊は、どうやって外のサイバー空間で活動しているのだろう。実は北朝鮮は、中国にサイバー戦部隊の活動拠点を数カ所持っている。その一つは瀋《しん》陽《よう》にある北朝鮮資本のホテルで、数フロアをサイバー戦部隊のために押さえ、常駐している。そして、ここから攻撃しているとみられている。

中国発とされる攻撃のなかには、こうした北朝鮮の攻撃も含まれている可能性があるのだ。一方で、監視の厳しい中国のことである。勝手に踏み台にできるはずもなく、そうした拠点を中国に複数持って活動しているとなれば、当然、北京政府も公認ということだろう。

脱北者が語る、二〇一二年は「統一大国元年」説

二〇一一年の夏、ある脱北者からこんな話を聞いた。

これまで北朝鮮は「強盛大国」をスローガンに掲げてきた。餓死者の出る国で何が強盛大国かと思うが、とにかくそれを目標、理念としてきた。二〇一二年は金日成生誕一〇〇年を祝う「強盛大国の大門を開く年」として総力を挙げて頑張るぞとやってきたが、国の経済はそれどころではないから、最近は強盛大国と言わなくなった。では、何と言っているかというと、「統一大国」と言っているのだという。強盛大国はもう無理なことが明ら

かなので、言葉を変え、目標、理念をすり替えようとしている。つまり二〇一二年こそは統一大国元年であり、南北統一を実現しようということだ――。

北朝鮮が座して韓国に併合されるのを待つはずもなく、統一大国とはつまり、一か八かで大勝負に出るかもしれないということだ。

実際、民間にはこんな噂もあるという。ここまで国がボロボロになってしまったら、いっそ戦争を仕掛けたほうが楽ではないか。大きな声では言えないが、日本を見ろ。日本はかつてあの強大なアメリカと戦ってこてんぱんに負けたが、その後、米国の経済援助で経済大国になっているではないか。何もせずに死を待つくらいなら、いっそ米国に戦争を仕掛けて、こてんぱんに負けても、その後、経済援助をしてもらって日本みたいになればいいではないか――。

何ともすごい理屈だが、そんな言葉が出てくるほど北朝鮮は追いつめられているということだろう。そして、まさに国がそのような状況にあるときに金正日総書記が死去した。後継者の三男正恩氏の権力基盤は盤石《ばんじやく》とはいえないとされ、その強化を狙った韓国への武力挑発を懸念する声も少なくない。今後の北朝鮮情勢は全く予断を許さない。

北朝鮮はすでに核爆弾を複数発持っているという説がある。筆者は、いくら北朝鮮といえども、人道的に見て（世界的な非難・制裁を考えれば）人間に対して使用することはないと考える。

しかし、高高度で炸裂させ、強烈な電磁パルスを発生させるＥＭＰとして使う分には人への影響はないとされ、使用の際のハードルは大きく下がる可能性がある。最後の賭けに出るなら、このＥＭＰで中枢システムを落とすぞと脅しをかける可能性もないとはいえない。

その場合、標的になるのは、おそらく日本である。同じ民族の韓国には使わないと言っているし、米国の上で爆発させるほど遠くまで飛ばせるミサイルは持っていない。北朝鮮のミサイルの射程は、日本の頭上で炸裂させるのにちょうどいいのだ。

いずれにしろ北朝鮮は、核や弾道弾、特殊部隊、ＥＭＰ、サイバー戦などのように国力の一点集中型の戦力に特化している。権力継承がうまく運ばないと軍が暴走する可能性もないとは言えない。実際、韓国は金正日死去の情報を得た直後に北朝鮮によるサイバー攻撃に備えて「サイバー危機注意警報」を発令している。

これまで以上に北朝鮮の動向を注視していく必要がある。

（5）その他の国々——安全保障の観点から着々と対策を進めている

◎韓国

韓国におけるサイバー戦対応に関しては二〇〇三年に国防情報戦対応センターが設立されている。このセンターには、サイバーテロ対策チームと情報通信基盤保護チームの二つがあり、それぞれ以下のような活動を行なっているという。

サイバーテロ対策チームでは、国防電算機網への攻撃の二四時間監視が任務であり、ハッキング行為への調査、予防活動、被害復旧支援を行なうとともに、情報戦、サイバー戦に関連した情報分析を担当している。

情報通信基盤保護チームは、その名称とは裏腹に、訓練における模擬攻撃を担当する部署であり、いわゆるタイガーチーム（ハッカー集団）のようである。任務としては国防通信情報基盤の脆弱性の分析と評価並びに情報システムの保安測定、コンサルティングを行なっている。

二〇一〇年一月には国防情報本部のもとにサイバー空間における作戦の計画、実施、訓練および研究開発を行なうサイバー司令部が設立されている。また韓国は陸軍を中心に二〇一五年までにサイバー戦体制を構築する決定を下したとのことである。

◎**台湾**

台湾に対するサイバー攻撃は、中国からのものがほとんどとされている。台湾国防部は情報戦で台湾の優勢を保つのを目的に二〇〇一年七月、参謀本部直轄の情報・電子戦指揮部を創設した。台湾は自らサイバー戦部隊の存在を口にしているが、その詳細は不明である。台湾はアジアでも有数のＩＴ国家であり、サイバー戦における潜在能力はかなり高いという声が少なくない。

◎英国

最近の報道（二〇〇九年七月二十六日、ＢＢＣ放送）によれば、英国はロシアおよび中国を含む他国から常時、継続的に意図的なサイバー攻撃を受けているという。

こうしたことを背景に、英国はすでに、

・サイバー攻撃能力を保持

・サイバー攻撃に逆襲をかける能力を開発済みであり、

・新しいサイバー戦略を開始している

・サイバーセキュリティ大臣を新設する

・サイバーセキュリティセンターを設立する

などの施策を打ち出している。

また、英国情報局保安部（ＭＩ‐５）はサイバー犯罪およびサイバーテロ対策としてハッカーの採用を決めている。

◎イスラエル

イスラエルは世界で最もサイバー戦能力が高い国の一つとされている。イスラエルは、二〇〇八年のシリアの核施設空爆や二〇一〇年のイランの核施設を標的としたスタクスネット事件に関与しているとされるなど屈指のサイバー戦能力を保有しているとみられている。

サイバー戦は、

・モサド……主に攻撃を担当
・シークレットサービス……主に防御や民間企業への指導などを担当
・軍……８２００部隊が諜報活動を担当

という三つの組織が担っているという。８２００部隊は、もともと通信、電磁波、信号等を媒介とした諜報活動を行なっていた部隊で、近年、これにサイバー戦が追加されたという。人員は数千人とされるが、詳細は不明である。

もともとイスラエルはＩＴ技術に長《た》け、セキュリティ機材の評価などは非常に高いものがある。イスラエルは国民皆兵なのでみんな軍隊に行く。サイバー技術に優れた人材はサイバー戦の部署に行き、除隊になったら、セキュリティなどのＩＴ系の企業に入る。そうやって軍民一体でサイバー戦能力を高めている。

このほかフランス、ドイツ、オーストラリア、インド、パキスタン、イランなどのサイバー戦能力も相当程度のレベルにあると言われている。

このように主要国は、サイバー戦を国の安全保障の観点から位置づけ、その対策を着々と進めている。時代は明らかにそのように動いているのである。

第4章

サイバー空間の国際ルールはどうなっているか

米国は二〇〇一年九月十一日に起きた「九・一一同時多発テロ」以降、戦争の定義を変えた。テロを「犯罪」ではなく、「テロとの戦い」という「戦争」であると定義づけたのだ。これは法体系に関わる一大事であり、歴史の転機となる大事件であった。

その意味するところをサイバー戦とのかかわりで述べるとともに、あわせて今日、世界が直面しているサイバー戦をめぐる国際ルールの問題について考えてみたい。

(1) 戦争の定義を拡大する米国——九・一一とビン・ラディン

米国はなぜビン・ラディンをパキスタンで殺したのか？

二〇一一年五月二日(米現地時間五月一日)、米国は九・一一の首謀者とされていた国際テロ組織アルカイダの最高指導者オサマ・ビン・ラディンを殺害したと発表した。

ビン・ラディンは、パキスタンの首都イスラマバードの北東六〇キロメートルにある地方都市アボッタバードの潜伏《せんぷく》先に家族と一緒にいるところを米国海軍の特殊部隊に急襲され、射殺されたという。

筆者はこのニュースを見て強い違和感を覚えた。

いくら大規模テロの容疑者だとしても、潜伏先は米国でも、身柄引渡しを拒んだアフガニスタンでもなく、パキスタンである。自国の領土ではなく、よその国である。そこへ特殊部隊を送り込んで家族もろとも殺してしまうというのはどう考えても尋常ではない。

普通であれば、パキスタン政府に身柄の拘束と引渡しを求め、米国で裁判にかけるだろう。米国は潜伏先の確かな情報まで得ていたのだ。それをパキスタン政府に提供すれば、拘束は可能だったはずだ。

なぜ、そうしなかったのか？

なぜ、あんな無茶なことをしたのか、できたのか？

本章は、それに答えることから始めたいと思う。

テロを犯罪から戦争へと格上げした意味

米国は九・一一同時多発テロを契機にテロリズムの解釈、定義を変えた。それまでテロは犯罪行為と見なしており、所掌《しょしょう》は警察だった。ところが、九・一一で約三〇〇〇人もの犠牲者が出たことに大きな衝撃を受けた米国は、もはやテロは犯罪行為ではない、戦争行為であると断じ、軍隊を投入して断固戦う姿勢へと転じた。

つまり、テロ＝犯罪ではなく、テロ＝戦争であると定義づけたのだ。以後、「テロとの戦い」という言葉が米国の外交軍事政策を語るときの常套句《じょうとうく》として頻繁に使われるようになったが、それが何を意味するか、正確に伝えるメディアは少なかったように思う。

犯罪と戦争は全く違う概念である（181ページ表参照）。

テロが犯罪であれば、国内にいる個人やグループを相手に警察力を行使することになる。刑事捜査権が及ぶ範囲は基本的に自国内だけであり、国外で起きた犯罪には介入できず、それらは外交的な手段や、ＩＣＰＯ（国際刑事警察機構）などを通して行なう。

しかし、戦争であれば、世界中どこであろうが出かけていって国や国に準じる組織を相手に軍事力を行使することになる。

これだけでも大きな違いだが、最も重視すべきは、規範と行使する力の限度における相違である。

戦争と犯罪の概念の違い

	戦争	犯罪
主体	国対国／国に準ずる組織	国対個人／グループ
範囲	国際間	国内
規範	戦争法規／制約あり	法律
強制力	軍事力	警察力
力の限度	(実質的に)無制限	警察比例の原則
特性	「勝てば官軍」の論理	法律で決められた範囲内の権限の行使

軍と警察は、共に政府機関による暴力装置だが、本質的に全く違うものである。

犯罪は刑法によって律せられ、警察力によって強制される。その警察力は法体系が整備されており、「警察比例の原則」と呼ばれるルールによって行使可能な武力が制限されている。相手が犯罪者であっても何をしてもいいわけではなく、たとえば、相手が素手なら警棒、ナイフならこちらも拳銃といった具合である。拳銃を使用する場合も、まずは上に向けて発射し、威嚇《いかく》するなど、相手の暴力に対して合理的と見られる範囲内でしか武力を行使できないように縛《しば》りがかけられている。

これに対して戦争は、そのような縛りがない。相手が小銃で、こちらが戦車なら、問答無用で戦車でひねり潰してかまわない。戦場において、相手が小銃だからこちらも小銃でいこうなどと考えていたら、必ず犠牲者が出る。小銃に対して戦車なら無傷で勝てる。そのほうがいいではないか――。指揮官はそう考える。それが戦争というものだ。

ただし、いくら戦争とはいえ、何をやってもいいわけではない。戦争法規というものがあって、これだけはやってはいけないということが、人道的な観点から決められている。毒ガス、細菌兵器などの使用が禁止されているのは一般にも広く知られているところであろう。

しかし、残念なことではあるが、この戦争法規は事実上、強制力を持たない。世界政府とでも言うべきものが存在しない以上、たとえ戦争法規を蹂躙《じゅうりん》しても、勝ったものの行動が「正しい」ことになるのが歴史の常であり、それを裁くことは事実上できない。

たとえば、米国建国史を紐《ひも》解けば、英国やフランスによるかの地の植民地化の過程で、天然痘患者が使用し汚染された毛布などを抗体をもたない先住民にわざわざ送りつけ、発病を誘発、殲滅《せんめつ》しようとした忌《い》まわしい事実があったことを知ることができる。

一八六八年のセント・ピータースブルグ宣言ですでに、「不必要の苦痛を与える」爆発性・燃焼性の武器を使ってはいけないとされているが、先の大戦で米軍は、沖縄や硫黄島《いおうとう》で火炎放射器を用いて洞窟にいる日本人を焼き殺した。広島、長崎への原爆投下は言を俟《ま》たない。

戦争法規はある。これだけは罷《まか》りならぬという取り決めがあり、それに多くの国が署名している。だが、いざとなれば、そんなものは空《から》証文で、平気で横紙破りをするのが戦争であり、しかも勝ってしまえば、誰もお咎《とが》めなしだ。

このように、軍と警察は同じような政府機関による「暴力装置」だが、本質的に全く異なるものである。

米国がテロを犯罪から戦争へと格上げした理由は、まさにこの点にこそある。テロが犯罪では警察力で取り締まるしかないが、それは米国にとって非常に不利だった。戦争ということになれば、実質無制限の軍事力を世界のどこでも行使できる。九・一一以降、米国はそのようにテロや戦争をめぐるロジックを変えた。

だから、他国の領土であるパキスタンへ特殊部隊を送り込んで家族もろともビン・ラディンを殺害するなどという常識では考えられない極秘の軍事作戦ができたのだ。

自分が不利なら、ゲームのルール（定義）を変えてしまえばいい――。

それが米国の論理なのである。

「サイバー攻撃＝戦争」なら何でもできる

米国のこのロジックは、いまやサイバー戦にも適用されている。

二〇一一年六月一日、米国のロバート・ゲーツ国防長官は、「外国政府によるサイバー攻撃は戦争行為とみなす」と表明した。かつてのテロがそうであったように、それまでサイバー攻撃は警察所掌の犯罪だった。それを米国は、「もはや犯罪ではない。軍事力をもって対処すべき戦争である」と、その解釈、定義を改めたのである。

ここまで踏み込んだ発言をしている国は、そうはない。かつてロシアは「サイバー攻撃を受けたら核兵器で反撃する」と言ったことがあるが、サイバー戦への自信を深めたのか、最近は言わなくなった。

それだけに米国の強硬姿勢はいかにも際立《きわだ》って見えるが、裏を返せば、海外からのサイバー攻撃に対してどれだけ脅威を感じ、神経質になっているか、それを証明するものでもあるだろう。

これまでたびたび触れてきたように、米国は他国に先駆けてネットワーク社会を体現した情報化の先進国だが、その分、ネットワーク社会の持つ脆弱性を数多く抱えている国でもある。電力網など重要な社会インフラが標的にされ、ダウンさせられてしまったら、いかに世界最強の軍事力といえども大きくパワーダウンしてしまう。

米国はそのことに重大な関心と深刻な危機感をもっている。第3章で概観した米国のサイバー戦への備えは、そうした背景のもとに策定され、実行されてきた。そこへ今回、新たに「サイバー攻撃＝戦争」という定義が加わった。

その意味するところは明快である。もし、軍や重要インフラなど米国の中枢システムに大きなダメージを与えるようなサイバー攻撃を仕掛けてきたら、九・一一の首謀者ビン・ラディンに対してそうしたように、断固とした軍事行動に出るということである。

戦争行為と断じて武力で反撃するには相手の特定が必要だが、サイバー攻撃は非対称であり攻撃者の特定が難しい。他国のパソコンを踏み台にするなどいくらでもなりすましや偽装ができる。

このため武力による反撃は困難とされるが、サイバー攻撃＝戦争となれば、実際には何でもありだから、その気になれば、情報機関などの力をフルに使って、「犯人はあの国だ」と信じるに足るだけの証拠を集める（あるいは用意する）ことくらい米国であれば造作もないことだろう。

二〇〇三年三月に始まったイラク戦争は、イラクが大量破壊兵器を保有している可能性があるとして始まったが、戦闘終結後、米国の調査団は「そんなものはなかった」と最終報告書（二〇〇四年十月）にまとめている。

「いったい何のための戦争だったのか⁉」と世界が驚き、呆《あき》れたものだが、戦争とはその結果生じる惨禍とは裏腹に、しばしばその程度の理由――それもどこまでほんとうかよくわからないような理由――で始まるものなのである。

犯罪ではなく戦争となれば、あれやこれやの縛りが外れ、何でもありの世界になる。それは数多《あまた》の戦争の歴史が証明していることで、サイバー攻撃の非対称性を根拠に武力による反撃は難しいと結論づけるのは早計ではないかと思う。

米国はいま、サイバー空間での反撃能力や防御能力とともに攻撃者を特定するサイバー技術の確立を急いでいると思われる。サイバー攻撃は、その非対称性ゆえに圧倒的に攻撃者有利だが、そうした技術が確立してしまえば、その優位性は消える。

となれば、前述のような強引な手に出なくても、敵のサイバー攻撃でダメージを被る前に、サイバー攻撃の非対称性に守られている相手を仮想空間からリアルな現実世界に引きずり出して叩くことができる。無論、サイバー空間での反撃も可能である。

ただし、こうしたサイバー技術の確立には、まだしばらく時間がかかるはずだ。サイバー攻撃＝戦争というロジックはそのための時間稼ぎの要素もありそうだ。強大な軍事力による報復をちらつかせることで、攻撃者に対して米国の国家中枢への大規模なサイバー攻撃を思いとどまらせようとした。

「下手なことをすれば、サダム・フセインやビン・ラディンのようになるぞ。わかっているな」、つまりは、そういうことだ。

それは、見方を変えれば、

「もしやったらタダではおかないぞ」

と米国が拳《こぶし》を振り上げるほどに、おそらく水面下では熾烈《しれつ》なサイバー戦がすでに戦われており、それが世界最強のサイバー戦能力を誇る米国をもってしても、もはや御《ぎょ》しがたいほどに深刻になりつつあるということなのだろう。

（2）未整備の国際法――実効性の確保が急務

サイバー犯罪条約――現在唯一の国際ルール

このように、サイバー戦をめぐる世界の状況は、米国が堪忍袋の緒を切らすほどに熾烈なものになりつつある。それは世界各地で相次ぐサイバー攻撃事件を見ても、容易に想像がつくだろう。

では、こうしたサイバー攻撃に対する国際的なルールはどうなっているのだろうか。

結論から言えば、攻撃の主体が個人やグループの「サイバー犯罪」については国際的な取締りの枠組作りが始まっているが、国やそれに準じる主体が行なう「サイバー戦争」については全く何のルールも存在していない。無法地帯である。

まず、サイバー犯罪だが、これに関しては二〇〇一年に欧州議会が中心となって採択された「サイバー犯罪条約」（二〇〇四年七月発効）というのがある。

サイバー攻撃は、主体が個人やグループで、狙いも愉快犯的なものや情報などを奪うだけであれば、通常、犯罪行為とみなされる。サイバー犯罪条約は、そうしたサイバー空間における犯罪行為——具体的には①違法なアクセス・傍受、②コンピュータ・システムの妨害、③マルウェアの製造など——を取り締まるもので、締約国にはサイバー犯罪の摘発や犯罪人の引渡し、証拠データの保全などを求めている。

この条約は現在、サイバー攻撃に関する唯一の国際ルールで、二〇一一年十一月現在、三二カ国が批准《ひじゅん》している。日本は締約手続きが完了しておらず、署名のみだが、関連刑法などの改正が二〇一一年六月に行なわれ、近く批准する見通しである。

ただし、この条約によって国際的なサイバー犯罪の取締まりが進んでいるかといえば、疑問である。犯罪を立件するには犯人を特定しなければならないが、これまで繰り返し述べてきたように、サイバー攻撃はその鍵となる発信元を突き止めるのが極めて難しい。ボットネットなどを使えば、いくらでも発信元はごまかしようがある。

それだけに発信元が強く疑われる国の協力が何より大事になるし、だからこそこうした条約も生まれたのだが、残念ながらというか、やはりと言うべきか、サイバー空間で犯罪組織が暗躍していると噂されるロシアなどは欧米主導の枠組みであるとして黙殺したままだ。中国もそうである。

また条約を批准したとしても、その国が裏で犯罪組織などと通じていたら、何の意味もない。犯人が特定できているならともかく、「あなたの国のパソコンから攻撃された。調べてほしい」と言ったところで、「そのパソコンはマルウェアに感染し、乗っ取られていた」と言われたら、それ以上、追及のしようがない。

実際、この条約にはサイバー犯罪の天国とされている東欧の一部の国も参加しているが、サイバー犯罪が減ったという話は聞かない。

条約の実効性という点ではなはだ心許ないと言わざるを得ない。

サイバー戦を予防・規制する動き

とはいえ、サイバー攻撃が犯罪行為とみなされる場合は、実効性はともかく、こうした国際的な取締りの枠組作りが始まっているだけでもよしとすべきかもしれない。

サイバー攻撃の主体が国家やそれに準じる組織で、狙いが相手国の重要インフラなどに及ぶ「サイバー戦争」の場合は、先ほど述べたように、それを予防・規制するための国際ルールは、いまのところ存在していない。

ただし、欧米主導で国際的な行動規範を作ろうという動きはある。二〇一一年十一月には英国政府主催のサイバー問題に関する国際会議も開かれるなど、以前に比べれば、少しはその気運も高まっているように見える。

では、具体的にはどのような国際ルールが考えられているのだろうか。

たとえば、米国のブッシュ政権でサイバー・セキュリティ担当大統領特別補佐官を務めたリチャード・クラーク氏は、『CYBER WAR』(Richard A.Clarke and Robert K.Knake　邦訳『世界サイバー戦争』北川知子、峯村利哉訳／徳間書店）のなかで、

①サイバー兵器の先制不使用を宣言する
②民間の重要インフラへのサイバー攻撃を禁止する

③加盟国は他国への攻撃を阻止する義務と責任を負う
④攻撃者が国内にいる場合、当該国は責任をもって対処する
⑤専門家による国際査察チームを組織する

などを内容とする「サイバー戦争条約」を提案している。

クラーク氏の主張を簡単に説明すると、ざっと次のようになる。

サイバー兵器の先制不使用は、これを破れば国際社会の非難を浴びるという点で攻撃者の意思を減じる効果が期待できる。民間インフラへのサイバー攻撃は、文民の保護を規定したジュネーブ条約などに反するため禁止すべきである。

加盟国は他国への攻撃を阻止するためISP（Internet Services Provider／インターネット接続業者）に悪意をもった攻撃を阻止させるなどの施策を講じなければならない。これが遵守《じゅんしゅ》されない場合を想定し、ISPのブラックリストへの掲載およびトラフィック（インターネットを通じて送受信される情報）の拒否などの罰則規定を設ける。

攻撃者が国内にいる場合の当該国による取締まりは、「発信元が犯人とは限らない、踏

み台にされているだけかもしれない」というわゆる攻撃者の帰属の問題に対する一つの答えである。「発信元は高い確率であなたの国だから、きちんと調べて対処してください」と責任を当該国に委《ゆだ》ねるもので、国際犯罪の捜査などの手法の援用である。

ただし、攻撃者が政府自身であれば、エストニアに対するサイバー攻撃のときのロシア政府がそうであったように、「踏み台にされただけであずかり知らぬことだ」と当然シラを切るだろう。そこで条約遵守違反が強く疑われる場合は、専門家による国際査察チームを組織し、検証できるようにする――。

この提案には米国の思惑が色濃く出ている。ポイントは②の民間の重要インフラへのサイバー攻撃の禁止である。

米国はインターネット先進国であり、民間の重要インフラのネットワークへの依存度が高い。しかも送電網のように大きな脆弱性を抱えているシステムを含む。米国はそこを標的にされるのを何より恐れている。

だから、ジュネーブ条約のような既存の戦時国際法を持ち出し、それを適用すれば、文民を守れるから、重要インフラへの攻撃は禁止すべし、というロジックを展開している。

実際、米国のバイデン副大統領も先の英国政府主催の国際会議で同様の提案をしているという。重要インフラへの攻撃を禁じ手にできれば、米国はサイバー攻撃による脅威をかなり回避することができる。

しかし、それは米国の論理であって、小が大と戦うための非対称の手段と考えている国にとってみれば、重要インフラを標的にするのはまかりならんとなってしまったら、サイバー戦を仕掛ける意味は大きく減じてしまう。

このような条約案を提示されたとしても同意するはずがないし、仮に同意したとしてもその約定を遵守することはないだろう。

というのも、そもそもの大前提として技術的に攻撃者を突き止められないことには、いくら専門家が査察に入ったところで、結局はどうにでも言い逃れができてしまうからだ。

攻撃者を特定する技術が確立しないかぎり、条約の実効性は担保されないのである。

攻撃者特定に立ちはだかる障壁

では、攻撃者を特定する技術は全く存在しないのかというと、そうではない。攻撃者の仕掛けた攻撃が辿ってきた道を逆にどんどん遡《さかのぼ》っていき、ほんとうの発信元を明らかにする「トレースバック」という技術がいまでもあるにはある。

たとえば、悪意のあるマルウェアを含むメールが、A国の攻撃者Xのパソコンから送信されたとする。もちろんXは自分が発信者であることを隠そうとするから、このメールはいくつもの国のいくつものISPの受け渡しを経て標的のB国の政府機関職員Yのパソコンに届く。

この際、ISPで受け渡しをするたびに、そのメールがどこのISPを通過したか履歴がひと目でわかるように、メールのデータにタグ（荷札）をつけ、かつそれを偽造できないよう担保するのである。現在のEメールにもヘッダという部分（送信者・受信者情報が記載されている）がついているのだが、現状のヘッダは簡単に偽装可能である。

Yが受け取ったメールには、A国やC国・D国……のプロバイダを通って届いたということが明確に記されていて、それらは信頼できる情報である。たとえて言えば、メールにパスポートを持たせるようなものである。いくらXが表面上偽装していたとしても、経路を辿って、特定することが容易になる。

この技術を実効あるものとして活用するには、国内はもとよりすべての国のＩＳＰがそうした悪意のある攻撃の道筋がわかるように協力する必要がある。具体的には、そうやって自動的にタグをつけるための多額の設備投資が必要になる。

しかし、これはＩＳＰにとってはお金がかかるだけで何のメリットもない。それどころか、そのような仕組みを組み込めば、メールのデータ量も非常に重くなって使いにくくなり、ユーザーからそっぽを向かれてしまう危険性もある。だから、やりたがらない。

もし本気でやろうと思えば、法律を作って、それをＩＳＰに義務づけするしかない。それも一国だけでは意味がない。世界中のＩＳＰにすべての情報にタグをつけるような仕組みを導入してもらわないといけない。

その合意を世界中で取り付けるなど奇跡を祈るようなもので、仮にその奇跡が起きて、「確かにそういう仕組みは必要だよね」となったとしても、今度は標準化という問題が出てきて、「では、どういう仕組みでそれを付けますか？」という話になる。

そうなると当然、大国はイニシアチブを取ろうとする。たとえば、ロシアが「我々の採用している方式が一番いいと思う」と言ったとすれば、米国は必ずこう反発するだろう。

「そんなのは嫌だ。お前たちの仕組みを入れたら、何か変な罠が仕掛けてあるに決まっている。危なくて使えるわけないじゃないか。俺たちの方式こそ一番だ」

すると今度は中国が、「お前たちこそ信用できない。そんなの絶対に嫌だ」と言う。その議論の繰り返しになるだろう。

つまり、トレースバックという方法はあまりにも課題が多すぎるのである。このため技術的には可能であっても、実際に使えるかとなると、現状では極めて困難と言わざるを得ない。新たな画期的なサイバー技術の登場でもないかぎり、攻撃者の特定は至難であろう。

となれば、条約はただのザル法と化す。この問題の解消は必須である。

次の戦争の勝者がサイバー戦の国際ルールを作る

このように見てくると、たとえサイバー戦を予防・規制する国際ルールができたとしても、その実効性を担保するのは容易なことではない、ということがわかる。

そもそも戦争法規というのは、先ほども述べたように、いざ戦争が起きてしまえば、平気で蹂躙されるのが常である。

たとえば、代表的な戦争法規であるハーグ陸戦条約とジュネーブ条約は、非戦闘員の殺傷、非軍事目標、無防備都市への攻撃、不必要に残虐な兵器の使用、捕虜の虐待などを禁止している。

しかし先の対戦で米国は、日本の各地に無差別爆撃を繰り返し、沖縄や硫黄島で火炎放射器を使い、広島、長崎に原爆を投下している。これらは明らかな戦時国際法違反といえるが、米国がそれを問われ、裁かれることはなかった。

それこそ日本国憲法にしても、外国軍隊による占領下によって発布された法律は無効という戦争法規にしたがえば、その有効性を疑問視する解釈も成り立つし、実際そう主張する人もいる。しかし、それは「現実的」な解釈ではない。

その意味では戦争法規というのは、言葉は悪いが、お飾りみたいなもので、立派な額縁に入れて飾ってはあるけれど、その効力は悲しいほどに脆《もろ》く、儚《はかな》いものなのである。

それはなぜかと言えば、戦争法規を破れば、戦争の勝者であっても、厳しく裁かれるという仕組みがないからだ。法の効力を担保する仕組みがないのである。だから、やったもの勝ち、「勝てば官軍」になってしまう。

　これが改められないかぎり、サイバー戦をめぐる国際ルールに関しても、おそらく次の戦争でサイバー戦を戦い、勝利した国が、自分たちにとって都合のいいように解釈し、定義することになるだろう。それは歴史が証明している。

第5章

日本のサイバー戦略の現状

米国、中国、ロシア、北朝鮮……諸外国はサイバー戦への準備や取組みを着々と進めている。こうしたなか、世界で唯一平和憲法を持つ日本は、法制上の制約のなかでどのようにしてサイバー攻撃に対処し、国民の生命、財産、国土の安全を守ろうとしているのだろうか。日本のサイバー戦略の現状と課題について考えてみる。

(1) 日本をサイバー戦から守るのは誰か

サイバー版「東京急行」がやってくる

最近、原因不明のシステム障害が多発している。突然の鉄道ダイヤの乱れや銀行のシステム障害、航空管制システムの障害などで、ほかにも公表されてはいないが、産業界では数多くのシステムトラブルが起きている。

現代のシステムはプログラムの規模も拡大しており、日本社会がコンピュータやネットワークへの依存度を加速度的に高めていることを思えば、この種のトラブルはある意味、予想の範囲内と言えるかもしれない。

だが、果たしてすべてがそうなのだろうか。

かつて冷戦時代に「東京急行」というのがあった。ソ連の偵察機などが日本列島の太平洋側に沿って定期的に東京付近まで南下、それに対応して自衛隊の戦闘機がスクランブル発進をするのだが、このソ連機の行動を「東京急行」と呼んでいた。

ソ連機は一体何をしていたのだろうか。

おそらく航空自衛隊の能力調査であったと考えられる。航空自衛隊のスクランブルにかかる反応時間の測定から訓練レベルを推察し、レーダーから照射される電波などの特性を分析することで対応した機材の技術諸元などの調査をしていたわけである。

こうして平時に収集されたデータは、やがて有事の際に日本のレーダーに対するジャミング（Jamming／電波妨害）のための基礎資料として使われる予定であったと思われる。

実は、これと全く同じことが、サイバーの世界でも行なわれている可能性がある。日本の重要インフラの能力調査のために、どこかの国がサイバー上で「東京急行」を仕掛けている疑いがあるのである。昨今相次ぐシステム障害のなかには、そうした意図のもとに行なわれているサイバー攻撃が少なからず含まれているのではないかと筆者は見ている。

具体的には何をやっているかと言えば、システムに侵入し、いざというときどこを攻撃すればいいか、マルウェアを投入、あるいは負荷をかけるなどして脆弱性を調べている。システムダウンは、そのための攻撃をやりすぎた結果ではないかと思う。本来、そこまでするつもりはなかったが、意に反して強く叩きすぎてしまった。恐らく、そういうことではないだろうか。

システム障害とされているもののなかには、このようなケースがたぶん相当数含まれている。しかし、被害にあった会社は、それをまず公表しない。攻撃者の報復や世評の悪化、社内の立場の悪化などを恐れて、そのようなサイバー攻撃はなかったことにしたり、単純なプログラムミスのせいにしたりするからだ。このため被害の実態が表に出てこない。

有事の際には日頃の情報収集量が物を言う。平時といえども、そうやって水面下ではすでにサイバー戦が始まっているとみるべきである。

では、こうした不穏な状況に日本はどう対処しようとしているのだろうか？

自衛隊は冷戦時代のソ連の東京急行に対してそうしたようにサイバー空間でもスクランブル体制を敷いているのだろうか？

自衛隊はサイバー攻撃があっても出動できない

サイバー攻撃は、ウェブページの書き換え程度なら犯罪であり、警察の所掌であるが、重要インフラなど国の中枢システムへの攻撃となれば、単なる犯罪のレベルを超え、国家の安全保障上の脅威であると考え、軍隊が対処する――。

諸外国ではそれが普通である。ならば、日本でも当然、自衛隊がその役目を担うのかといえば、そうではない。重要なシステムインフラを守るのは総務省の仕事であって、自衛隊にはその任が与えられていない。

現在、我が国においてサイバー攻撃に対応する法律は警察法規しかない。具体的には、

①コンピュータ、電磁的記録対象犯罪

刑法に定めるコンピュータや電磁的記録を対象とした犯罪。たとえば、ホームページを

無断で書き換えたり、他人の口座から自分の口座に勝手に預金を移すようなケース。

②ネットワーク利用犯罪

前記①以外で犯罪の実行にネットワークを利用した犯罪。わいせつ画像などを不特定多数に閲覧させたり、ホームページなどで広告し、違法な物品を販売したり、ネットオークションで代金をだまし取るようなケース。

③不正アクセス行為の禁止等に関する法律違反

不正なアクセス方法によりコンピュータを不正使用する犯罪。他人のＩＤ、パスワードを無断使用したりマルウェアを用いるなどしてネットワークに侵入し、コンピュータを不正使用するようなケース。

などである。二〇一一年六月には、刑法改正で不正指令電磁的記録作成罪（ウイルス作成罪）が新設され、正当な理由がないのにコンピュータ・ウイルスなどのマルウェアを

「作成すること（作成）」「提供すること（提供）」「誰かに送りつけたり、知らないうちにダウンロードさせること（供用）」「ウイルスと知りながら手に入れること（取得）」「保管すること（保管）」が禁止された。これらはすべて警察の所掌する犯罪である。

では、サイバー攻撃があったとき自衛隊は何をするのかと言えば、基本的に自分たちのシステム、つまり防衛省・自衛隊の指揮通信システムなどを守るだけである。

そもそも自衛隊はサイバー攻撃に対して出動する法的な根拠を与えられていない。このため敵国が自衛隊のバックヤード（継戦基盤）である民間輸送システムや自衛隊が借り上げている民間のバックボーン（基幹通信回線網）を攻撃しても、自衛隊は手が出せない。できるのは自分たちのシステムを守ることだけで、そうした民間に位置する自衛隊の生命線を攻撃され、弾薬、燃料、食料などの補給が断たれ、通信網が遮断《しやだん》されても、歯がみして見ているしかない。やられっぱなしである。現状ではそれらのシステムを所掌するのは総務省であり、サイバー犯罪として警察が対応するしかない。

「そんな馬鹿な！」と思われる方も多いかもしれないが、残念ながらそれが現実である。

日本は法治国家で自衛隊は法によって律せられている。自衛隊が準拠すべき自衛隊法にサイバー戦に関する記述は一切ない。日本には戦争放棄の憲法九条があり、自衛隊は専守防衛を国防の基本方針としている。自衛隊が防衛出動するには、国会の承認が必要だが、その大前提として「武力攻撃事態法」（武力攻撃事態等における我が国の平和と独立並びに国及び国民の安全の確保に関する法律）に基づき、サイバー攻撃が「武力攻撃事態」と認定される必要がある。

しかし現状、政府が想定している武力攻撃事態は、二〇〇五年の閣議決定による次の四類型で、そこにはサイバー攻撃は含まれない。

［武力攻撃事態の類型］

①（船舶や航空機による）着上陸侵攻の場合
②ゲリラや特殊部隊による攻撃の場合
③弾道ミサイル攻撃の場合
④航空攻撃の場合

このため、もしいま日本がサイバー攻撃を受けても、自衛隊は対応できないのである。

しかし、本書の冒頭で示したシミュレーションのように、どこかの国が我が国の中枢システムを狙い大規模なサイバー攻撃を仕掛け、通信、電力、交通などのシステムがすべてその機能を失うようなことがあっても、それはただの犯罪なのだろうか？　そこまで国家を蹂躙されても武力攻撃とは認められないのだろうか？

通信の喪失はそれだけで社会を大混乱に陥《おとしい》れるし、電力の喪失が長引けば、多くの病院で救急救命や生命維持に重大な支障を来《きた》し、命を落とす人が続出する可能性がある。また電車が停まれば、道路は大渋滞に陥り、事故の多発や警察、消防活動の遅延を招き、これまた多くの犠牲者が出る恐れがある。甚大な被害が予想されるのである。

サイバー攻撃は、たんにコンピュータやネットワークがダウンするだけではすまないとてつもない人的、物的被害を惹起《じやつき》する可能性があるにもかかわらず、それ自体はそれこそ敵の着上陸侵攻やミサイル、戦闘機による爆撃のようには目に見えないため、その意図や攻撃の性質が必要以上に過小評価されているように思う。

「敵国の民間人」に反撃できるのか?

では、仮にサイバー攻撃＝武力攻撃となった場合はどうか。

その場合は、自衛隊に防衛出動が認められる可能性があるが、今度は専守防衛という枠組のなかでどこまで反撃が許されるのか、という問題が出てくる。当然、そうなると法的に認められるサイバー兵器の種類なども議論されるだろう。

それだけではない。自衛隊がサイバー戦を戦う場合には、さらに複雑な法的問題が生じる可能性が強い。たとえば、仮に日本に有事が起き、戦争となった場合、ロシアのグルジア侵攻の際、ロシアの愛国青年たちがサイバーパルチザンを名乗りグルジアをサイバー攻撃したように、「敵国の民間人」が自衛隊の指揮通信システムにサイバー攻撃を加える恐れがある。いや、おそらくかなり高い確率でそうした攻撃があるだろう。

その場合、自衛隊はその民間人に対して武力による反撃ができるのだろうか?

あるいはその逆で、日本人ハッカーの有志が愛国心に燃えて敵国のシステムにサイバー攻撃を仕掛ける可能性もある。大丈夫なのか?

そこには戦争法規上の交戦資格や捕虜の扱いなどさまざまな問題が横たわっている。国家の中枢インフラを標的にすれば、当然、非戦闘員に被害が及ぶ可能性があり、そうなるとハーグ陸戦条約やジュネーブ条約などの国際法違反に問われたり、また逆に捕虜として国際法上の保護を受けられないなどの問題が生じる恐れがあるのだ。

第４章で紹介したリチャード・クラーク氏の「サイバー戦争条約」には「民間の重要インフラへのサイバー攻撃を禁止」がうたわれているが、それは民間インフラへのサイバー攻撃を禁じ手にすることで自国の弱点を守るとともに、こうした国際法規上の複雑な問題をあらかじめ回避する狙いもあるのではないかと思う。

いずれにしろサイバー戦争を真剣に考えているから出てくる議論であるのは間違いない。残念ながら、日本の議論はそのはるか手前でとどまったままである。

これは日本の防衛体制が警察的な法体系であることと無縁ではない。世界の軍隊を規律する法規は、国際法でやってはいけないとされていること以外は何をやってもかまわない、いわゆる原則無制限の「ネガリスト」方式と呼ばれるものである。これに対して日本の自衛隊は、すべての行動に法的な根拠が必要で、法に定められていることしかできない。命令にないことはご法度の、いわゆる原則制限の「ポジリスト方式」である。

第４章で警察比例の原則について述べたが、警察に武器使用の制限があるのに対して、軍隊は原則無制限（国際法で禁じていることを除く）なのは、このように拠って立つ法体系がそもそも違うからだ。

ポジリスト方式で規律されるのは本来、警察であって、このような法体系のもとにある軍隊は、おそらく世界で唯一日本だけである。自衛隊はもともと警察予備隊として警察法体系のなかでスタートしており、防衛組織のそれではないのである。このことが自衛隊が本来果たすべき国家の防衛という任務達成のための大きな障害になっている。

「サイバー空間防衛隊」の実効性

筆者は二〇〇五年に発足した自衛隊初のサイバー部隊「システム防護隊」の初代隊長を務めた。この部隊は陸上自衛隊通信団隷下で陸上自衛隊の指揮通信システムのサイバー攻撃からの防御を主たる任務とした。

自衛隊の戦車やミサイルは、国民の生命、財産、国土の安全を守るためのものであって、自衛隊を守るものではない。だから、もし外国からサイバー攻撃を受けたら、断固として戦うつもりでいた。しかし、それは許されなかった。システム防護隊も日本を守るのではなく、自衛隊のシステムを守るためだけに存在していた。

自衛隊の本来任務を考えれば、自衛隊の任務には、当然、日本のシステムインフラを守ることは含まれるべきであって、この考えは当時もいまも変わらない。それだけにサイバー戦をめぐる法整備が遅々として進まないのが残念でならない。

もちろん国も防衛省も危機感は有している。先にも述べたとおり、二〇一一年版防衛白書が冒頭の第一章第一節で「サイバー空間をめぐる動向」としてサイバー攻撃への対処を課題に掲げたのは何よりの証左であろう。自衛隊のサイバー戦部隊として「サイバー空間防衛隊」（自衛隊指揮通信システム隊隷下）の設立も予定されている。

ただし、この新設部隊に存分に働いてもらうには、いまのままの法制度、法解釈のままでは厳しいと言わざるを得ない。どのような機能や組織、装備を持つのか、いまの段階（本書の執筆時点）でははっきりしないが、これまで述べてきたように手足を縛られたままでは、働きたくても働きようがない。限定的な役割に甘んじるしかないのではないか。

ちなみに中国共産党の機関紙「人民日報」（二〇一〇年六月十八日、日本語電子版）にこんな記事が載ったことがある。

「日本の重要な作戦思想は『ネットワーク支配権』を把握することで敵の戦闘システムを麻痺させることだ。日本はサイバー戦システムの構築において『攻守兼備』を強調しており、多額の経費を投入し、ハードウェアおよび『サイバー戦部隊』を建設している。

また、『防衛情報通信基盤』、『コンピュータ・システム共通運用基盤』を打ちたて、自衛隊の各機関・部隊のネットワークシステムにおける相互交流、資源共有を実現した。

このほか、5千人からなる『サイバー空間防衛隊』を設立、開発されたサイバー戦の『武器』と『防御システム』は、すでに比較的高い実力を有している。また、日本は米国と共同での開発にも重きを置いており、進んだ技術を導入する一方で自国における建設を進め、『サイバー戦能力』を高めている」

攻守兼備からサイバー戦部隊を建設云々《うんぬん》のあたりまでは頷《うなず》けるが、五〇〇〇人からなるサイバー空間防衛隊を設立以下の記述は、あまりにも戦力を過大視している。

二〇〇八年に立ち上げた三自衛隊統合の「指揮通信システム隊」の要員は約一六〇人。サイバー空間防衛隊はその下に組み込まれる部隊であり、おそらく要員は一〇〇人ほどではないかと思う。

大きく見てくれるのはありがたいが、それにしても五〇〇〇人といったら、陸自の第一五旅団（沖縄地方を防衛。約二一〇〇人）の二つ分以上である。苦笑するしかない。

（２）国家戦略なき日本のサイバー戦略

重要インフラは誰が守るのか

日本が本格的にサイバー対策に乗り出したのは二〇〇〇年である。中央省庁のホームページが相次いで書き換えられたのがきっかけだった。翌二〇〇一年三月、「e-Japan重点計画」が策定された。このなかで情報セキュリティに関わる制度・基盤の整備や、政府部内における情報セキュリティ対策など八項目におよぶ施策が決められた。日本も比較的早い時期にサイバー攻撃の脅威に対する準備に手をつけてはいたのである。

ただし、このe-Japan重点計画の内容はけっして十分なものとは言えず、二〇〇二年には日本戦略研究フォーラムから次のような指摘を受ける。

①高度情報通信ネットワークの安全性および信頼性の確保と安全保障上の配慮が欠落している。

②サイバー戦・サイバー脅威に対する法整備および政策の見直しが必要である。

この計画では日本の重要インフラの防護という研究があまり行なわれておらず、またサイバー攻撃を戦争という観点から分析する試みは全くなされていなかった。

一〇年も前に識者からこのような警告が発せられていたわけだが、状況はさほど改善されてはいない。この間、内閣官房を中心に総務省、経済産業省、警察庁などの関係省庁が協力する仕組みが整備され、二〇〇五年には内閣官房情報セキュリティセンター（NISC）もできた。国家の中枢を担う一〇分野の重要インフラ（情報通信、金融、航空、鉄道、電力、ガス、政府・行政サービス、医療、水道、物流）を防護対象に指定し、安全策の指導やサイバー攻撃を想定した演習なども行なうようになった。

警察庁も全国に数多くの拠点を用意し、二四時間体制でサイバー攻撃を警戒している。

また二〇一〇年九月にはNISC、経済産業省、警察庁などが、前に述べた米国のサイバー攻撃対処演習「サイバーストーム」に初めて参加している。また防衛省も先ほど述べたように、二〇〇五年にはシステム防護隊、二〇〇八年には指揮通信システム隊をそれぞれ設置したほか、サイバー空間防衛隊の創設を打ち出している。

関係省庁が鋭意努力しているのは確かだし、着実に成果も上がっている。

それを認めたうえであえて言うが、いまだに重要なシステムインフラへのサイバー攻撃対処についての所掌は総務省であり、防衛省・自衛隊への任務付与は事実上存在しない。

二〇〇九年六月に「セキュア・ジャパン二〇〇九」が発表されたが、このなかでも総務省をはじめ関係各省庁に関わるたくさんの検討と計画が示されているが、防衛省関連では「防衛省の保有する情報システムに対するサイバー攻撃等」と防衛省は自ら保有するシステムを守ることとしか書いてない。冒頭にサイバー攻撃対処を持ってきた防衛白書にしても同様である。これでほんとうにこの国の中枢システムを守れるのだろうか。

縦割り官僚制度の弊害

さらに言えば、二〇一〇年五月、官邸は「国民を守る情報セキュリティ戦略」を出したが、各省庁がやっている政策、もしくはやりたい政策を羅列しているだけのようにも見え、肝心の重要インフラをどうやって守るのかという戦略的な視点に欠ける印象は否めないように思う。

官民の協力体制構築をうたいながら、省益が優先され、連携が取れず、また省庁間調整が大きな役割の一つであるＮＩＳＣもその機能を果たせていないように見える。

ＮＩＳＣは、情報セキュリティ四省庁といわれる総務省、経産省、警察庁、防衛省からの出向者などで構成される。総務省は「通信・ネットワーク政策」、経産省は「情報政策」、警察庁は「サイバー犯罪の取締まり」、防衛省は「国の安全保障」を所掌する。

ＮＩＳＣの出向者は一定期間務めを果たせば、元の省庁に戻ってしまう。しかも、もともと省庁の権益代表みたいなものだから、それに反するような言動は難しい。よほど誰かがうまく仕切らないと実のあるサイバー対策は打ち出せないのではないだろうか。

加えて言うなら、警察庁と経産省が相次いで「官民の情報共有化」をめざして団体を立ち上げた。この動きを受けて総務省も「それならうちも」と言いはじめていると聞いた。

これでは官民の協力体制どころではない。それぞれが省益優先でバラバラに動いているようにしか見えない。

これは、サイバー戦略だけの問題ではない。

本来、「国家の守るべきものは何か、それをどうやって守るか」という大方針（国家戦略）があって、その上にそれぞれの分野における戦略が構築されるべきものであろう。このような省益優先の迷走を見るにつけ、そもそもこの国に確かな国家戦略はあるのか、と心配になる。

結局のところ、そこがしっかりしていないから、サイバー戦略も一本芯の通ったものにならないのではないだろうか。


重要インフラは誰が守るのか？

そのための法整備はどうするのか？

そうした肝心要《かなめ》の課題は置き去りにされたままだ。

仏作って魂入れずとは、このことではないか。

日本はサイバー兵器を開発している？

二〇一二年元日の読売新聞は一面で「防衛省が対サイバー兵器」という記事を掲載した。これは「サイバー攻撃を受けた際に攻撃経路を逆探知して攻撃元を突き止め、プログラムを無力化」するものだという。

実際にはこれは「サイバー兵器」と呼べるものではなく、あくまで閉鎖されたネットワーク環境において、先に述べたトレースバック技術を用いた防御技術であるということで、トレースバック技術そのものに限界がある現時点においては、試験段階のものでしかない。そもそも「逆探知」が可能なら、わざわざ一つひとつ遡らなくても、攻撃の大元が判明した段階でそこに直接対策を施したほうが早いはずだ。

だから、この研究の一番の目的は、攻撃元が判明しないという前提でどうするか？ということではないか。これは筆者の想像だが、いずれは、あるワームを見つけたら、それを「味方」にしてしまって、自分と同じやつを見つけたら消去せよと命令して、ネットワーク上に放す、ということをしたいのではないだろうか。

ワームなどは、ネット上を徘徊しながら、攻撃対象まで辿り着いた。ならば、同じ道のりを戻ることも可能なはずである。

そもそもウイルスなどマルウェアは、大きく二つの部分に分けて考えることができる。

①キャリア……「どうやって伝染するか」、つまり乗り物の部分

②ペイロード……「実際に悪さをする荷物」、キャリアに乗っているもの

の二つである。

そこで、ワームなどを捕まえたら、その悪さをする部分であるペイロードを「おまえは同じやつを見つけたら、相手を消去しろ」と書き換えてやって、もう一度ネットワークの中へ放す。すると、この新しいソフトウェアはいろいろなルートを辿って、いつかは上流の、自分が出発した場所へ辿り着くはずだ。

さらに、見つけたらそれを知らせるような機能をつけることもできるし、ある程度時間が経ったら自分で自分を消去するようにしておけば、証拠を残すこともない。もちろん、これは技術的には簡単なことではないが、いずれは可能になるはずである。

一方で、こうした技術開発とは別に、やはり法制度の問題に対処することも不可欠である。こうしたマルウェアを作成してネットワークに放せば、現時点では「ウイルス作成

罪」に問われてしまう。また、実際に開発できたとして、それを自衛隊が使用する法的根拠や憲法の平和規定とのからみなど、課題は山積である。技術開発と同時に、こうした面でも世界に後れをとらずに対応していかなければならない。

なぜ日本にはウイルス対策ソフトの世界的メーカーがないのか

世界の先進国は、そのほとんどがウイルス対策ソフトのメーカーを持っている。米国のシマンテックをはじめ、韓国はアンラボ、ロシアはカスペルスキー、中国はパンダ、フィンランドはエフセキュア等々である。

しかし、日本にはそうした世界的なソフトメーカーがない。なぜか?

逆説的だが、ウイルス対策ソフトは、筆者が考えるかぎり最も危険なものの一つである。サイバー攻撃しようと思ったとき、これを使うのが一番いいからだ。ウイルス対策ソフトのアップデートなら多くの人が盲目的に信用する。ほかのものを利用しようとすれば、ウイルス対策ソフトのチェックが入る(そういう意味ではウィンドウズのアップデートを悪用されるのが最も危険だとも言える)。

だが、そのウイルス対策ソフト自身が裏切り者だったら？

筆者はその可能性があると思っている。だから、ほとんどの先進国は自前のメーカーを持っている。よその国のウイルス対策ソフトでは何をされるかわからない。どんな仕掛けがあるかわからない――。そう思っているからではないか。

そうした危機意識があるからこそ、自国のウイルス対策ソフトにこだわるのである。

日本に世界的なウイルス対策ソフトのメーカーがないのは、危機感のなさ、さらには日本のサイバー戦略そのものの弱さを象徴しているのではないだろうか。

いまこそ腰の据わったサイバー戦略を構築すべき

日本では重要インフラのインターネット基盤への依存度は増すばかりである。

しかし一方で、それらを守るためのしっかりした戦略が立案・実行されているかと言えば、残念ながらそうとは言い難いのが実情である。これは由々しき問題で、多くの国民も「そんなことで日本は大丈夫なのか」と不安を覚えるに違いない。

万が一、日本が侵略を受け、重要インフラに対してサイバー攻撃を受けたらどうなるのか。総務省や警察が侵略軍のサイバー攻撃に対処できるのだろうか。

数年前から電力網へのサイバー攻撃を想定した演習が始まっている。それ自体は大変に素晴らしいことだと思うが、なぜ電力なのか、その点に少々疑問がある。前にも述べたように、日本の電力網は米国と違って、独自の専用回線で意外としっかりしている。それこそ有事には自衛隊が借りようと思っているくらいで、米国とは事情が違う。

米国の電力網は、小さい電力会社がたくさんあるうえに、インターネット回線と電話回線が混在していてサイバー攻撃に対する防御力にデコボコがあるのだ。非常に多くの脆弱性を抱えており、だからこそ、その防衛に躍起《やっき》になっている。

サイバー攻撃に備えた演習はとても大事である。しかし、もっと先にやるべきことは他にもたくさんある。いまこそ腰の据わった国家レベルでの総合的なサイバー戦国家安全保障に関する研究を開始すべきである。

具体的には、

・サイバー戦防護に関するコンセンサスの確立

・国家サイバーセキュリティ戦略の策定

・専属のサイバーセキュリティ調整官の設置
・具体的な法律等の整備（サイバー防護基本法および関連する有事法制）
・各省庁所掌の明確化（特に防衛省・自衛隊への任務付与）
・必要な技術開発の推進（国家の重要技術として国内サイバー産業の保護・育成）

などについて、まず検討を開始すべきと考える。

特に法整備は重要かつ喫緊の課題である。防衛出動の要件である武力攻撃の解釈はもちろんだが、そのほかにも自衛隊の活動を縛る法律は山ほどある。

たとえば、日本では米国のように実際に軍隊をサイバー攻撃するような演習はできない。米国は司法取引のように法律を柔軟に運用する仕組みを持っている。このためマルウエアを作ろうが、それを使って国防総省に不正侵入しようが、罪には問われない。

しかし、日本ではサイバー犯罪でお縄になってしまう。ウイルス作成罪は、研究目的なら罪に問われないとされるが、自衛隊がサイバー戦に備えるためにコンピュータウイルス兵器を作るような場合は検挙の対象になる。法律の特例措置、適用除外は絶対に必要である。

またサイバー攻撃に対応するには民間のネットワークインフラと協力できないといけないので、それを担保するための法律も必要になる。

そうした法整備を進めないと、日本の中枢が大規模なサイバー攻撃にあっても、この国はそれに立ち向かうことができない。

(3) 日本のあるべき姿——平和国家としての役割と課題

トレースバックの標準方式をめざせ

日本の技術はまだまだ捨てたものではない。そこで筆者は、我が国のサイバー戦略の一つの眼目として、サイバー戦争を予防・規制するための技術開発の推進に力点を置いてはどうかと考える。平和国家日本の国家の指針としても十分にかなうのではないだろうか。

具体的には、たとえば、これまで何度か触れたトレースバックの技術を指摘したい。課題は多いが、実現すれば、サイバー攻撃の抑止に大きな効果が期待できる。トレースバックはいろいろな方式がある。ぜひそのなかで標準化をめざすべきである。

日本はこれまでも素晴らしい技術を開発しながら、国際標準の競争に敗れることが多かった。日本の液晶テレビの品質は素晴らしいのに欧州の規格に負けてしまった。それを韓国のメーカーに突かれて欧州の市場をどんどん食われている。この手の事例は数え上げたら切りがないほどである。

だからこそ、あえて今度こそトレースバックで国際標準の獲得をめざす。幸か不幸か日本は出遅れている。ただ、先行している国々は自国の技術から離れるのは難しい。その点、日本は技術が遅れている分、世界のいろいろな技術を公平に調べて勉強し、いいところを取り入れることができる。無論、遅れを挽回するためには国家の施策として取り組む必要がある。それこそ官民挙げて追いつけ追い越せで頑張らないといけない。それをサイバー戦略の策定、実施に関わる各省庁、各機関が共に掲げる旗にすればいいのだ。

「トレースバックの標準化を勝ち取ろう
そしてサイバー戦争の予防・規制に貢献しよう」

それをたとえば、五年後の目標として掲げる。そうすれば、明確なターゲットができる。それを達成するために、どういう技術をこれから作ればいいのか、どういう法律を勉強すればいいのか、自ずと戦術も見えてくるだろう。その過程で日本の抱える課題もいろいろ浮き彫りになってくるに違いない。

それときちんと向き合うことができれば、五年後、一〇年後、世界のなかでの日本の立ち位置というのは、いまよりもずっと輝いたものになるのではないかと思う。

レガシーなシステムは残しておく

サイバー戦対策では、攻守にわたり新しい技術開発がとても重要になるが、一方でレガシーなシステムを残しておくことも場合によっては必要になる。

最たるものは固定電話である。停電の際、昔の黒電話のようなアナログ電話であれば、電話回線を通じて局側から給電されるため停電が起きても話すことができる。

しかし、最近はコスト削減でインターネットを使うＩＰ電話に切り換えるケースが多く、この場合は、停電になれば、通話はできなくなってしまう。実は自衛隊もＩＰ電話化されつつあり、もしサイバー攻撃でシステムが落ちてしまえば、たちまち通信手段を失う恐れがある。通信ができないと指揮通信系統の復旧作業もできない。

サイバー攻撃への対策を考えた場合は、何でもかんでも新しくすればいいというものではなくて、このようにレガシーなシステムを残さないといけない場合もある。実際、サイバー攻撃を受けたエストニアでは、レガシーな電話が役に立ったという報告もある。してはいけないことに無駄なお金をかける愚は絶対に避けるべきである。

最後に物を言うのは人間の意識

サイバー戦対策の基本は、どれだけその国の中枢インフラがしっかりしているか、いかにしてそれを守るか、である。

ただし、いくら国がサイバー戦対策をしっかりやっても、国民の側が無自覚無責任では、国の中枢インフラは守れない。ウイルス対策ソフトも入れないような意識の低い人ばかりでは、国内のパソコンは次々に攻撃者によってボットネット化されてしまうだろう。

そうなれば、海外からではなく国の内側から猛烈な攻撃にさらされることになり、バックボーンだって落ちてしまうかもしれない。

あるとき、こんなことを言う若者に会った。

「パソコンのセキュリティ？　お金がもったいないからウイルス対策ソフトなんて入れてない。乗っ取られたらどうするかって？　別に自分に害がなきゃいいよ。踏み台にでも何でも好きにしてくれ」

こういう人が大勢いると、国家のサイバーセキュリティは内部から崩壊する。

そして最近は、悲しいことにそういう人が増えているように思う。さらに言えば、高齢世代のパソコン利用者にもネットリテラシーに欠ける人が少なくない。高齢社会の進展を考えると、将来的にネットの世界を徘徊するご老人が多数現われることも予想され、これまた心配の種である。

パソコンやインターネットを利用するからには最低限、次のことだけは心に留めておいていただきたい。スマートフォンも含めて注意点をまとめておく。

◎サイバー空間での注意点
——個人や会社などがサイバー攻撃から身を守るためのポイント

サイバー空間での注意点は、風邪をひかないための心得によく似ている。風邪を絶対にひかない方法はない。だが、なるべくひかないようにする手立てはある。

たとえば——。

・風邪がはやっているときに人ごみに出ない
・マスクをする
・帰ったら、手を洗い、うがいをする
・体調の変化を感じたらすぐに受診する
・風邪をひいたら、他人にうつさないように気を配る
・おとなしくして栄養をとる

これらはサイバー空間でも基本的に同じである

［個人］

・怪しいサイトには行かない
・ウイルス対策ソフトは必ず入れる
・セキュリティパッチ（修正ファイル）は適切にあてる
・おかしいと感じたら、すぐに専門家に相談する
・無料のソフトは必ず評価を確認し、怪しいと思ったら、絶対に使わない（配布しているサイトの評判と正規版の有無の確認は必須）
・無料のウイルス対策ソフトは攻撃者がいざというときにマルウェアを送りつけてくる可能性がある。使う場合は、そのリスクを承知しておくこと
・非公式サイトで配布されるスマートフォンの無料アプリは要注意
・スマートフォンにもウイルス対策ソフトは必ず入れる（これについてはハードウェアもまだ充分な性能があるとは言えないので、メーカーや通信キャリアの一層の努力が必要であろう）
・インターネット閲覧ソフトなどのアドオンにはマルウェアが仕込まれる可能性があるので要注意

・SNS（ツイッター、フェイスブック、グーグルプラスなど）はなりすましメールなどの情報収集に使われるケースが多い。最近の標的型攻撃は友人を装ってくる。攻撃者からみるとSNSはそのネタの宝庫である。利用するときはそのつもりで
・メールの送信者名を過信しない
・メールの添付ファイルやリンクに注意する
・単純なパスワードは避ける

［企業・団体］

・動くからとウィンドウズ98などの古いOSのシステムを使うのはやめる。脆弱性を突かれる可能性大。要注意
・情報資産を廃棄する際は十分注意する
・情報資産の社外持ち出しの規則を厳格化する
・メールの送信先は必ず複数回確認する

「サイバー法定伝染病届出制度」を作れ

どれだけ気をつけてもサイバー攻撃を受けることはある。それは仕方がない。しかし、それを隠すのはいけない。貴重な被害情報が広く共有されないために、社会に危機感が醸成されず、積極的な対策も採られていないとしたら、それはやはり問題と言わざるを得ない。

そこで今後、国が取るべき具体的な方策の一つとしてサイバー関連の事故や障害などをしかるべきところに届け出る仕組みが必要であると考える。具体的には、筆者はこれらを「サイバー上の法定伝染病」に指定すべきであると考えている。

ただし、この届出制度には一つ問題がある。実はウイルス届出制度はすでにあるのだが、届出の数が減っている（56ページグラフ参照）。ウイルスの数自体は増えており、これが統計に反映されないのは、届出がなされなかったり、見つけられなかったりするからだ。届出をして自分の会社の恥を世間にさらすだけということになれば、どうしても二の足を踏む。

これを解消するには届け出ることにインセンティブが必要だ。

実のある届出制度にするには、
①届出をしなかった場合の罰則制度を設ける
②届出をしたら褒める
という二つを備えたサイバー法定伝染病届出制度を作るべきである。あわせてサイバー関連の法律をさらに整備していく必要もあろう。たとえて言えば、それらはサイバー建築基準法であり、サイバー道路交通法と呼ぶようなものになるはずである。

今後、国民すべてが広く危機感を共有し、一日も早く必要な法整備がなされることを願ってやまない。

終章　サイバー戦争時代の安全保障戦略を

戦争における三つの波――暴力・金・情報

かつてアルビン・トフラーは「三つの力」があると言った。暴力、金力、情報力（知力）の三つで、暴力は金力に支配され、金力は情報力によって支配される。情報力こそがパワーシフトの頂点にあるという考え方である（『パワーシフト　21世紀へと変容する知識と富と暴力』アルビン・トフラー著／徳山二郎訳／フジテレビ出版）。

これは戦争にも当てはまる。戦争もまた暴力の時代から金力の時代、情報力の時代へとパワーシフトしている。

暴力の時代の戦争は、国家総力戦となった第二次世界大戦でピークを迎え、その後、金力の時代の戦争となり、資本主義体制の国家群と共産主義体制の国家群が経済という土俵で冷戦という名の戦争を戦った。筆者はこれを「第三次世界大戦」と考えている。そして効率に勝る資本主義の国家群が勝利を収めた後、時代は情報力の戦いへとパワーシフトし、いまや見えない情報の戦争を繰り広げている。

大きな時代の流れで見ると、今日、世界は第三期の情報戦の時代に突入しており、米国や中国などはそのための努力を国家を挙げて猛烈な勢いでやっている。

最近、朝日新聞が一面トップの冒頭でこう書いた。「中国がいま、『見えない戦争』に向けた準備を進めている」（二〇一一年十一月七日朝刊）。「サイバー戦に備えよ」という記事である。筆者の歴史観では「見えない戦争」はもう始まっており、おそらく中国はその新しい時代の主役の一人として、すでに「第5の戦場」で戦っている。

米国の幻の戦略爆撃機構想に踊らされたソ連

冷戦期の経済の戦争では、米国とソ連を中心に資本主義の国々と共産主義の国々が、経済の効率性で覇を競った。そのために米ソ両国は、あらゆる手段を講じた。

たとえば、途上国を自らの陣営に取り込む手段として経済的・軍事的援助を利用した。米国の援助は、朝鮮戦争を機に活発化し、当初は共産化を阻止するため韓国や南ベトナムなどが主な援助対象国となった。またソ連は、米ソのどちらにも与《くみ》してない途上国の取り込みを重視し、インドやアフガニスタンなどを主な援助対象国とした。

また、相手に無駄なお金を使わせて消耗させることもした。たとえば、一九六〇年代、米国はパーシングという中距離弾道ミサイルを開発し、欧州に配備した。ソ連はこれに対抗するため七〇年代に入るとSS20という中距離弾道ミサイルを開発した。実はパーシングは一度もまともに撃ったことがないため、「ほんとうは飛ばなかった」とする説がある。つまりソ連は、「米国にまんまとしてやられたのではないか」というわけだ。

このような説が出てくるのには理由がある。一九七六年九月、ソ連の現役将校ヴィクトル・ベレンコがミグ25戦闘機で日本の函館《はこだて》に着陸、亡命を求めた「ベレンコ中尉亡命事件（ミグ25事件）」というのがあった。ミグ25は、猛スピードで高空まで急上昇し、ミサイルを撃つという特製の仕様になっており、通常の戦闘には向かない。

実はこのミグ25が登場する前、米国にはバルキリーという超高速の戦略爆撃機の構想があり、B29の後継機として盛んにリークされた。ロシアから見れば、それが実戦配備されると、普通のミサイルでは落とせないため、高空まで高速急上昇できる戦闘機で対応することを考え、ミグ25を作った。しかし、バルキリー計画は嘘だった。ソ連はありもしない幻の超高速戦略爆撃機構想に対抗するため莫大な出費を強《し》いられた。

兵器の開発には莫大な予算を必要とする。しかし、敵が強力な兵器を開発していると知れば、戦略上、嫌でも対抗するための兵器を開発せざるを得ない。米国は、経済の戦争に勝利するため、そうやって謀略の限りを尽くし、ソ連に無駄金を使わせて国家を疲弊、消耗させようとした。米国がさもそれらしく作っていたのはただの張りぼてだった。

情報戦は四つの分野で戦われる

情報戦の世界は、政治、経済、外交、軍事の四つの分野で戦われる。

まず政治の分野では、相手国政府が何を考えているか、サイバースパイ活動により情報を入手し、優位に立つ。あるいはツイッターやフェイスブックのようなSNSなどを使って、自分たちに有利な情報を政治的に流し、プロパガンダに利用する。世論を誘導する。そういう政治的な活動がすでに盛んにサイバー空間で行なわれている。

経済の分野では、他国の技術情報を盗んでくる。具体的には企業の技術情報と大学の科学技術情報などをサイバースパイ活動により入手する。これはいま世界中で活発に行なわれており、先の三菱重工業などへのサイバー攻撃の例を見てもわかるように、日本も相当の被害にあっていると思われる。

外交の分野では、外交交渉を有利に運ぶため、相手国政府の特に外交面での情報をサイバー攻撃により入手する。たとえば、第1章で述べたダライ・ラマの事務所がサイバースパイにあった「ゴーストネット事件」をイメージしてもらうといいだろう。日本が驚くほど外交に弱いのは、情報戦により手の内がすっかり読まれているからかもしれない。

軍事の分野では、いざ戦争となったとき、戦いを有利に進めるため、常に相手国の中枢システムなどへサイバー攻撃を仕掛け、弱点を探している。第5章で述べた「東京急行」がそれで、日本はこれをやられている可能性が強い。

サイバーデバイドの一刻も早い解消を

サイバー戦には強い非対称性がある。通信情報技術への依存度が高い国ほど標的になりやすい一方で、攻撃者の特定は難しく、反撃は容易ではない。そうした特性を踏まえたうえで、諸外国はサイバー戦への準備や取組みを着々と進めている。

その一方で我が国のサイバー戦対処の態勢は、けっして十分とは言えない状況にある。国家の持つ情報や重要インフラのネットワークへの依存度は高いにもかかわらず、サイバー関連の防御・攻撃の力は非常に弱い。このまま諸外国とのサイバーデバイド（サイバー戦能力の格差）を放置すれば、我が国の安全保障上、重大な懸念が生じないとも限らない。

果たしていまのままで日本は大丈夫なのだろうか。

本稿を終えるに当たり、いま一度この問いを記しておきたい。


重要インフラは誰が守るのか？

そのための法整備はどうするのか？


本書が日本のサイバー関連安全保障を見直すための一つのきっかけになれば幸いである。

★読者のみなさまにお願い

この本をお読みになって、どんな感想をお持ちでしょうか。祥伝社のホームページから書評をお送りいただけたら、ありがたく存じます。今後の企画の参考にさせていただきます。また、次ページの原稿用紙を切り取り、左記まで郵送していただいても結構です。

お寄せいただいた書評は、ご了解のうえ新聞・雑誌などを通じて紹介させていただくこともあります。採用の場合は、特製図書カードを差しあげます。

なお、ご記入いただいたお名前、ご住所、ご連絡先等は、書評紹介の事前了解、謝礼のお届け以外の目的で利用することはありません。また、それらの情報を6カ月を超えて保管することもありません。

〒101—8701（お手紙は郵便番号だけで届きます）
祥伝社新書編集部
電話03（3265）2310
祥伝社ホームページ　http://www.shodensha.co.jp/bookreview/

キリトリ線

★本書の購入動機（新聞名か雑誌名、あるいは○をつけてください）

＿＿＿新聞の広告を見て	＿＿＿誌の広告を見て	＿＿＿新聞の書評を見て	＿＿＿誌の書評を見て	書店で見かけて	知人のすすめで

★100字書評……「第5の戦場」サイバー戦の脅威

名前

住所

年齢

職業

伊東寛　いとう・ひろし

ラックホールディングス株式会社サイバーセキュリティ研究所所長。工学博士。1980年、慶応義塾大学大学院（修士課程）修了。同年、陸上自衛隊入隊。以後、技術、情報及びシステム関係の部隊指揮官・幕僚等を歴任。陸自初のサイバー戦部隊であるシステム防護隊の初代隊長を務めた。2007年に退職後、株式会社シマンテック総合研究所主席アナリストなどを経て、2011年4月より現職。

「第《だい》5の戦場《せんじよう》」サイバー戦《せん》の脅威《きようい》

伊東寛《いとうひろし》

2012年 2 月10日　初版第 1 刷発行

発行者……………竹内和芳
発行所……………祥伝社しょうでんしゃ
〒101-8701　東京都千代田区神田神保町3-3
電話　03(3265)2081(販売部)
電話　03(3265)2310(編集部)
電話　03(3265)3622(業務部)
ホームページ　http://www.shodensha.co.jp/

装丁者……………盛川和洋
印刷所……………堀内印刷
製本所……………ナショナル製本

Printed in Japan　ISBN978-4-396-11266-0　C0231